Georeferenziertes Disponieren mit nutzerfreundlichen, mobilen und stationären Multi-Touch-Systemen

Mark Gebler

Georeferenziertes Disponieren mit nutzerfreundlichen, mobilen und stationären Multi-Touch-Systemen

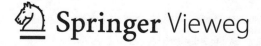

Mark Gebler
Berlin, Deutschland

Von der Fakultät V – Verkehrs- und Maschinensysteme der Technischen Universität
Berlin zur Erlangung des akademischen Grades Doktor der Naturwissenschaften –
Dr. rer. nat. – genehmigte Dissertation.

Promotionsausschuss:
Vorsitzender: Prof. Dr. Markus Feufel
Gutachter: Prof. Dr. Manfred Thüring
Gutachterin: Prof. Dr. Gudrun Görlitz

Tag der wissenschaftlichen Aussprache: 21. Dezember 2017

ISBN 978-3-658-21878-2   ISBN 978-3-658-21879-9   (eBook)
https://doi.org/10.1007/978-3-658-21879-9

Die Deutsche Nationalbibliothek verzeichnet diese Publikation in der Deutschen National-
bibliografie; detaillierte bibliografische Daten sind im Internet über http://dnb.d-nb.de abrufbar.

Springer Vieweg
© Springer Fachmedien Wiesbaden GmbH, ein Teil von Springer Nature 2018

Gedruckt auf säurefreiem und chlorfrei gebleichtem Papier

Springer Vieweg ist ein Imprint der eingetragenen Gesellschaft Springer Fachmedien Wiesbaden
GmbH und ist ein Teil von Springer Nature
Die Anschrift der Gesellschaft ist: Abraham-Lincoln-Str. 46, 65189 Wiesbaden, Germany

Kurzfassung

Ein nutzerfreundliches IT-System als Client-Server-Anwendung mit integrierten mobilen Komponenten und Touch-Modulen ist für Leitstellen und mobile Einsatzkräfte im Polizei-, Hilfs- und Rettungswesen zu spezifizieren, zu konzipieren und zu evaluieren.

Auf dem gegenwärtigen Stand der Forschung und Technik in der Leitstellentechnologie werden bei der Informationsbetrachtung und beim Informationsaustausch zwei unterschiedliche Probleme erfasst. Anforderungen an eine optimierte Systemunterstützung wurden auf Basis von Analysen in der Leitstelle der Polizei Berlin und der Johanniter-Unfall-Hilfe e.V. in Berlin herausgearbeitet. Weiterhin zeigt sich, dass eine sicherheitsrelevante Lage aktuell von allen Einsatzkräften anhand unterschiedlicher Informationen beurteilt wird. Dies mindert die Qualität des Lageüberblicks. Bislang ist der Lageüberblick der Leitstelle vorbehalten. Die Verantwortlichkeit für die Erstaufnahme eines Geschehens liegt aber oftmals bei der Einsatzkraft vor Ort. Das darauffolgende Übermitteln der Informationen zur Leitstelle ist sehr zeitintensiv und fehleranfällig.

Als Lösungsweg wird in der vorliegenden Arbeit erstens eine Verbesserung des Lageüberblicks durch die georeferenzierte Positionierung der Einsatzkräfte auf digitalen Karten, zweitens eine Verbesserung des Informationsaustauschs durch eine Ablösung von Sprechfunkgeräten durch Smartphones und durch die Integration der Smartphones in das Client-Server-System sowie drittens die Gestaltung der User-Interfaces der Smartphones und der Multi-Touch-Tische nach NUI-Grundsätzen aufgezeigt.

Die Studie erörtert die Gestaltung eines stationären Leitstellensystems mit einem Multi-Touch-Tisch. Die Integration von Smartphones in die Einsätze der vor Ort tätigen Einsatzkräfte stellt hierbei einen neuartigen Ansatz dar. Die untersuchten Arbeitsabläufe in den Leitstellen der Polizei Berlin und der Johanniter-Unfall-Hilfe e.V. in Berlin weisen zahlreiche Gemeinsamkeiten auf, sodass ein softwareseitig flexibel designtes System für die mobilen und stationären Anwendungsbereiche adaptierbar ist.

Der Mehrwert des neuen, nutzerfreundlichen Einsatzleitsystems (NEL) wurde in zwei Nutzerstudien (Studie zum stationären NEL und Studie zum mobilen NEL) und mit ausgewählten Einsatzkräften als Probandinnen und Probanden geprüft. Die Forschungsfragen befassen sich damit, ob der Austausch von georeferenzierten Positionsangaben zu einer effektiveren Bearbeitung führt, ob die Informationseingabe bei den Einsatzkräften vor Ort am Einsatzgeschehen situativ geeigneter ist und ob die Natural User Interfaces die Bedienung verbessern.

Anlass zur Diskussion bietet dabei die Usability des Systems und die Beanspruchung bei der Systemnutzung. Das Ergebnis lautet, dass großflächige Multi-Touch-Displays als Endgeräte in der Leitstelle sehr geeignet sind. Ein umfassender Lageüberblick ist durch den neuartigen Einsatz von Smartphones im Einsatzgeschehen allen zugänglich. Die an der Studie beteiligten Einsatzkräfte bevorzugten größtenteils das neu entwickelte gegenüber dem derzeitig verwendeten System. Es wurde aber auch deutlich, dass der Übergang zu Natural User Interfaces wegen der jahrelangen Gewöhnung an die Bedienung per Maus und Tastatur erschwert ist.

Abstract

A user-friendly IT system as a client-server application with integrated mobile components and touch modules must be specified, designed and evaluated for control centers and mobile units of the police, emergency and rescue services.

There are two problems of information display and exchange recognized on the basis of research and technology. Requirements for a new system have been developed based on evaluations at the control center of the Johanniter-Unfall-Hilfe e.V. and at the control center of the Berlin police.

Most team members of the Berlin police and of the Johanniter-Unfall-Hilfe e.V. are on site and exchange information with the control center, using voice communication. Every rescuer evaluates the situation based on different information. There is no geo-referenced information on the map. This reduces the quality of the assessment of the situation. Furthermore, obtaining an overview of the situation is only possible in the control center. However, the first contact is initiated by the rescuer on site. The transmission of information is time-consuming and error-prone.

One approach is an improvement in the situation survey by using geo-referenced positioning. A second approach is to improve the exchange of information by replacing traditional radio devices for voice communication with smartphones. The third approach is the design of the user interfaces by NUI principles as traditional user interfaces turned out to be a primary source of errors.

Applications with multi-touch-displays can show location based information in any situation. The integration of smartphones for locally active forces represents a novel approach. The examined operations within the two control centers have common features. The software is flexibly designed and adaptable for mobile and stationary applications.

The solution of the information exchange and transmission problem is the development of a user-friendly control system (NEL, german: *nutzerfreundliches Einsatzleitsystem*) with a multi-touch-table for the rescuers in the control room

(stationary NEL) and a smartphone for on-site forces (mobile NEL). The benefi-
cial value of both systems is presented in two user studies. The research questions
are whether the exchange of geo-referenced positions results in more efficient information handling and if the provision of information on site by local forces is
situationally more adequate and if natural user interfaces improve system-interac-
tion.

The usability and subjectively perceived effort are furthermore examined. A large
multi touch display at a control center proves to be useful as a coordination tool.
Using this approach, it is possible to get precise information and an extensive overview. The rescuers mostly prefer the newly developed system. It has become clear
that the transition to the natural user interfaces will be difficult due to the long time
use of keyboard and mouse as input devices.

Inhaltsverzeichnis

Abbildungsverzeichnis

Tabellenverzeichnis

1   Einleitung

Eine Leitstelle ist eine regionale Einrichtung, die Hilfeersuchen entgegennimmt und geeignete Einsatzkräfte einteilt. Bei der Polizei und bei jeder Hilfs- und Rettungsorganisation gibt es jeweils Leitstellen mit bestimmten Arbeitsaufgaben. Dem typischen Szenario in allen Leitstellen entsprechend gilt es die Einsatzkräfte effizient zu koordinieren, zu leiten sowie sie zeitnah mit zum Teil sicherheitsrelevanten Informationen zu versorgen. Eine Leitstelle ist mit diverser Technik ausgestattet, unter anderem mit dem Leitstellensystem, welches die Arbeit der Einsatzkräfte in der Leitstelle computerunterstützt. Die Einsatzkräfte im Einsatzgeschehen vor Ort erhalten Aufträge und tauschen Informationen über Sprechfunk mit den örtlich voneinander getrennten Einsatzkräften der Leitstelle. Handfunkgeräte, auch Sprechfunkgeräte genannt, für die vor Ort tätigen Einsatzkräfte ermöglichen diese Kommunikation und werden zum Leitstellensystem dazugezählt.

Das Koordinieren und Informieren wird auch als *Disponieren* bezeichnet. Das Disponieren sowohl bei der Polizei als auch bei Hilfs- und Rettungsorganisationen umfasst die Entscheidungsbefugnis, Einheiten den Einsätzen zuzuteilen und Einsätze im Voraus sowie während des Einsatzablaufs zu planen. Einheiten setzen sich aus Einsatzkräften und Einsatzfahrzeugen zusammen. Einsatzfahrzeuge sind je nach Verwendung durch die jeweilige Einsatzorganisation ausgerüstete und ausgestattete Fahrzeuge. Das Disponieren erfolgt unter Berücksichtigung von Anforderungen und Rahmenbedingungen des Einsatzes sowie des aktuellen Einsatzortes und der Positionen der Einheiten. Eine Leitstellensoftware ist ein gängiges Mittel zur Eingabe und Bearbeitung von Informationen sowie dem anschließenden Disponieren von Einheiten. Die Eingabe von Informationen in das Leitstellensystem übernehmen ausschließlich die Einsatzkräfte in der Leitstelle (sogenannte Disponentinnen oder Disponenten). Für die Eingabe sind bislang Maus und Tastatur vorgesehen. Die Disponentinnen oder Disponenten arbeiten an stationären Arbeitsplätzen in der Leitstelle. Die Informationen eines Einsatzes erreichen auf

© Springer Fachmedien Wiesbaden GmbH, ein Teil von Springer Nature 2018
M. Gebler, *Georeferenziertes Disponieren mit nutzerfreundlichen, mobilen und stationären Multi-Touch-Systemen*, https://doi.org/10.1007/978-3-658-21879-9_1

unterschiedlichen Wegen die Leitstelle. Bei öffentlichen Großveranstaltungen nehmen vor Ort tätige Einsatzkräfte der Johanniter-Unfall-Hilfe e.V. Vorkommnisse auf und geben Informationen über den Sprechfunk mit einem Handfunkgerät an die Leitstelle weiter. Folglich können bei einer Hilfs- und Rettungsorganisation mithilfe der Leitstellensoftware Einsatzfahrzeuge wie Sanitätsfahrzeuge disponiert oder zusätzliche Notärzte angefordert werden. Es gibt die Benutzerrolle einer Einsatzkraft in der Leitstelle sowie die Benutzerrolle einer mobilen, vor Ort tätigen Einsatzkraft.

1.1   Problemstellung

Im Rahmen der vorliegenden Arbeit wurde die Computerunterstützung in den Leitstellen der Polizei und der Johanniter-Unfall-Hilfe e.V. während laufender Einsätze untersucht. Da die Einsatzortsangaben und die Positionen der Einsatzkräfte weder georeferenziert erfasst noch digital übermittelt werden, sind insbesondere Probleme in der *Informationsbetrachtung* und im *Informationsaustausch* zu erkennen. Derzeit werden die Einsatzortsangaben und die Positionen der Einheiten über das Leitstellensystem nicht georeferenziert erfasst. Dies ist die erste Problemstellung. Das Auswählen von Einheiten bei der Disposition wird folglich nicht auf Basis aktueller Positionen der Einheiten getroffen. Der Disponent oder die Disponentin bezieht das Wissen über das Einsatzgeschehen größtenteils aus den Veranstaltungsvorbesprechungen und dem bisherigen *Informationsaustausch* mit den Einsatzkräften vor Ort. An diesen Vorbesprechungen nehmen nicht alle Einsatzkräfte teil. Wenn sich eine Einsatzkraft einen Überblick über die Lage verschaffen will (*Informationsbetrachtung*), kann nicht auf aktuelle und verifizierte Daten zurückgriffen werden. Die derzeitig verwendete Technik vor Ort bietet keine Möglichkeit, einen Lageüberblick im Zusammenspiel mit den anderen vor Ort tätigen Einheiten einzusehen. So ist dieser Überblick ausschließlich der Leitstelle vorbehalten.

Neben den fehlenden Informationen des Lageüberblicks und den daraus resultierenden Einschränkungen der Lagebeurteilung ist eine weitere Schwachstelle der *Informationsaustausch*. Die eigentliche Informationsaufnahme bei Veranstaltungen erfolgt vorwiegend durch die vor Ort tätige Einsatzkraft. Die Informationseingabe in das Leitstellensystem, das Anlegen eines neuen Einsatzauftrages sowie das Disponieren für einen neu erstellten Einsatzauftrag im System übernehmen ausschließlich die Einsatzkräfte in der entfernten Leitstelle. Die praktizierte Informationsmeldung über den Sprechfunk kann fehleranfällig und zeitverzögert sein. Dies ist als zweite Problemstellung festzuhalten. Zur Verbesserung der Kommunikation muss der Informationsbruch zwischen der Leitstelle und den vor Ort tätigen Einsatzkräften beseitigt werden.

1.2   Lösungsweg

Vorliegende Arbeit wird sich mit den zuvor beschriebenen Problemen der Informationsbetrachtung und der Informationsübermittlung befassen. Zur Bewältigung der Problemstellung bietet sich ein dreiteiliger Lösungsweg (siehe Abbildung 1) an:

1. Der erste Teil des Weges soll zum Ziel eines verbesserten Lageüberblicks für die mobilen Einsatzkräfte vor Ort und für die Einsatzkräfte der Leitstelle führen. Hiermit wird die Informationsbetrachtung verbessert.
2. Der zweite Teil des Lösungsweges soll den Informationsaustausch zwischen den Einsatzkräften durch die Informationseingabe in ein System vor Ort optimieren.
3. Der dritte Teil versucht eine gebrauchstaugliche Nutzerinteraktion bereitzustellen, sodass die Nutzerin und der Nutzer größere Unterstützung bei der Informationsbetrachtung und beim Informationsaustausch erhalten.

Abbildung 1 Dreiteiliger Lösungsweg für die zwei Problemstellungen

Die Einführung von Smartphones mit geeigneten Apps in den Polizei-, Hilfs- und Rettungsdienst ist Teil des Lösungsweges für die erste Problemstellung, der fehlenden Informationen des Lageüberblicks. Eine Smartphone-Applikation kann jeder Information durch den eingebauten GPS-Sensor[1] des Smartphones eine Georeferenz zuordnen. Eine automatisierte Verteilung und Darstellung dieser nun ortsbezogenen Informationen verbessert die Lagebeurteilung aller beteiligten Einsatzkräfte. Über das Display des Smartphones kann des Weiteren nun auch die Einsatzkraft vor Ort den Lageüberblick einsehen. Durch die Veränderungen wird auch in der Leitstelle der Lageüberblick mit den ortsbezogenen Informationen aufgearbeitet. Damit kann die Disponentin oder der Disponent effizientere Zuteilungen zu den Einsätzen durchführen. Dies ist ebenfalls Teil des Lösungsweges, um das Problem der fehlenden Informationen im Lageüberblick abzuwenden.

Möglichkeiten zur Optimierung der Kommunikation bestehen in der zeitnahen Digitalisierung der ankommenden Informationen in das Leitstellensystem. Mittels über das Datenfunknetz verbundene Geräte kann die Notwendigkeit des Informationsaustauschs über Sprechfunk reduziert werden. Die Eingabe in das Leitstellensystem kann die Einsatzkraft am Ort des Einsatzgeschehens übernehmen. Die Einsatzkräfte der Leitstelle erhalten daraufhin georeferenzierte Informationen zur Weiterbearbeitung. Insbesondere bei einer hohen Einsatzfrequentierung wird die Leitstelle auf diese Weise unterstützt. Die Einsatzkräfte der Leitstelle können sich auf das Disponieren konzentrieren, ohne die Informationen zusätzlich in das Leitstellensystem eingeben zu müssen. Die Einsatzkräfte vor Ort benötigen für die Informationseingabe ein geeignetes mobiles Endgerät, zum Beispiel ein Smartphone. Die nötigen Funktionen bietet das derzeit verwendete Handfunkgerät nicht.

Der dritte Teil des Lösungsweges befasst sich mit der *Interaktion der Systeme*. Um den Überblick über alle Informationen zu behalten und deren Gesamtbeurteilung zu verbessern, sind größere Displays von Vorteil. Es werden neben den Smartphones Multi-Touch-Tische mit großen Displays als Nutzerschnittstelle in der Leitstelle vorgesehen. Die Reduzierung der Informationsmeldungen über den Sprechfunk führt voraussichtlich im Leitstellensystem zu mehr digital eingehenden Informationsmeldungen. Einsatzkräfte können jederzeit, unabhängig von der Leit-

---

[1]   Sensor des Global Positioning Systems, (dt.: globales Positionsbestimmungssystem)

stelle, Informationen an die Leitstelle übermitteln. Auch deshalb muss die Interaktion mit dem System in der Leitstelle optimiert werden. Anders als die bisherige Darstellung von Informationen in tabellarischer Form, die zuvor auf PCs mit Tastatur und Maus in Formblätter aufwendig manuell eingetragen werden mussten, soll nun jede Information über eine kartenbasierte Darstellung auf einem größeren Touch-Display erfolgen. Jede Informationsmeldung soll effektiver bearbeitet werden können. Für das Smartphone-System und das Multi-Touch-Tisch-System eignen sich Natural User Interfaces, mit denen sich die entsprechenden Systeme nutzerfreundlich bedienen lassen. Die Gebrauchstauglichkeit der Systeme soll damit gesteigert werden. Multi-Touch-Tisch-Systeme ermöglichen weiterhin die Zusammenarbeit mehrerer Personen an einem Display.

1.3 Zielstellung

Die Zielstellung ist, einen *verbesserten Lageüberblick* (*Informationsbetrachtung*) sowohl mobil vor Ort als auch in der Leitstelle (1.2 Lösungsweg, S.3, Nummer 1), einen *optimierten Informationsaustausch* (1.2 Lösungsweg, S.3, Nummer 2) und eine *gebrauchstaugliche Nutzerinteraktion* (1.2 Lösungsweg, S.3, Nummer 3) der jeweiligen Einsatzkraft zu bewirken.

Zum Erreichen der Ziele wird ein nutzerfreundliches Einsatzleitsystem (NEL) entwickelt. Dieses IT-System als Client-Server-Anwendung dient zur Unterstützung der mobilen Einsatzkräfte vor Ort und in der Leitstelle. Dabei werden prototypisch Smartphones für die mobilen Bereiche und ein großer Multi-Touch-Tisch für die stationären Bereiche eingesetzt, sodass auch von einem mobilen Smartphone-System (*„mobiles NEL"*) und einem stationären Leitstellensystem (*„stationäres NEL"*) gesprochen wird.

Doch gilt es zunächst den Technikstand zu betrachten, die Problemstellung genauer zu erfassen sowie die Natural User Interfaces zu spezifizieren. Zur Untersuchung der Computerunterstützung wurde eine Analyse bei der Polizei Berlin und eine weitere im Hilfs- und Rettungswesen bei der Johanniter-Unfall-Hilfe e.V. in Berlin durchgeführt.

Es werden die Anforderungen an ein optimiertes Computersystem unter der Berücksichtigung von Natural User Interfaces herausgearbeitet und exemplarisch eine stationäre und eine mobile Ausführung konzipiert und implementiert. Softwareseitig wird ein flexibel designtes System entworfen, welches für die mobilen und stationären Anwendungsbereiche adaptierbar sein wird. Gleichzeitig werden innovative nutzerfreundliche Bedienungen entwickelt.

Abschließend wurde der Mehrwert der neu entwickelten Systeme gegenüber den derzeitigen Systemen in zwei Nutzerstudien (Studie zum stationären NEL und Studie zum mobilen NEL) untersucht. Das Verfolgen der Forschungsfragen dient dann zur Klärung, ob erstens der Austausch von georeferenzierten Positionsangaben zu einer effektiveren Bearbeitung führt, zweitens die Informationseingabe bei den Einsatzkräften vor Ort am Einsatzgeschehen situativ geeigneter ist und drittens die Natural User Interfaces die Bedienung verbessern.

Betrachtet wurden hierfür die Interaktionen beim Umgang mit den Funktionen des neu entwickelten Systems. Die Untersuchung wurde in einer realitätsnahen und einsatzgetreuen Umgebung mit Einsatzkräften der Johanniter-Unfall-Hilfe e.V. als Probandinnen und Probanden durchgeführt.

2 Leitstellensysteme bei der Polizei und beim Hilfs- und Rettungsdienst

Eine Leitstelle oder auch Einsatzleitzentrale ist ein stationärer Ort mit separaten Arbeitsplätzen in einem großen Raum. Es kommunizieren Einsatzkräfte in einer Leitstelle mit den Einsatzkräften vor Ort, und zwar oftmals über eine große räumliche Distanz. Auch untereinander in der Leitstelle kommunizieren die Einsatzkräfte miteinander, um die Einsatzkoordination zu leisten. Das Koordinieren und Informieren wird als *Disponieren* zusammengefasst. Beim *Disponieren* arbeiten die Einsatzkräfte der Leitstelle vorwiegend mit dem Begriff *Einheit* oder dem synonym verwendeten Begriff *Einsatzmittel*. Eine Einheit umfasst meist ein Team von Einsatzkräften mit einem speziell für die zu erwartenden Tätigkeiten und Einsatzgebiete ausgerüsteten Fahrzeug.

Bei Großveranstaltungen sind darüber hinaus Einsatzkräfte des regulären Rettungsdienstes beteiligt, welche um ehrenamtliche Mitarbeiterinnen und Mitarbeiter ergänzt werden (vgl. Stadt Gelsenkirchen – Referat Feuerschutz, Rettungsdienst und Katastrophenschutz, 2013, S.27). Die Leitstelle ist eine regionale Einrichtung, die Hilfeersuche entgegennimmt und nach vorgegebenen Regeln und Prozessen geeignete Einsatzkräfte mit *Einsatzlenkungs-* und *Dokumentationssystemen* entsprechend alarmiert und heranführt (vgl. Marks et al., 2013, S.5). Es gibt Leitstellen für *Behörden und Organisationen mit Sicherheitsaufgaben* (BOS), Leitstellen für kritische Infrastrukturen (zum Beispiel Stromversorgungsunternehmen) und Alarmempfangszentralen (Leitstellen für Störmeldungen) (vgl. Marks et al., 2013, S.5). Der Leitstand ist als technische Einrichtung zu verstehen. Ein Leitstand ist ein Teil der Leitstelle und vorwiegend Arbeitsplatz einer Einsatzkraft. In der Leitstelle gibt es oftmals mehrere Leitstände. Im Sicherheitswesen wird überwiegend der Begriff *Einsatzleitzentrale* als Bezeichnung für die Leitstelle verwendet.

© Springer Fachmedien Wiesbaden GmbH, ein Teil von Springer Nature 2018
M. Gebler, *Georeferenziertes Disponieren mit nutzerfreundlichen, mobilen und stationären Multi-Touch-Systemen*, https://doi.org/10.1007/978-3-658-21879-9_2

2.1   Kommunikationstechnik, Lageüberblick und Geokollaboration

Eine zentrale Anforderung für eine Leitstellensoftware ist die Einhaltung von Standards. Insbesondere die Kommunikation mit Handfunkgeräten unterliegt Standards. Standardisierte Leitfäden jeder Organisation beschreiben die auftretenden Arbeitsprozesse und sind einzuhalten. Eine *Lage* umfasst eine Ansammlung von Informationen über ein Ereignis. Der sogenannte Lageüberblick setzt sich aus dem auftretenden Problem, dem Lagebild, den Vorgaben und den Weisungen bezüglich eines Ereignisses zusammen. Die Informationen über Leitstellen und die Kommunikations- und Informationsstandards sind bei der Polizei Berlin und bei der Johanniter-Unfall-Hilfe e.V. sehr ähnlich und weisen daher eine hohe Vergleichbarkeit auf.

2.1.1   Einsatzkommunikation

Aktuell werden bei der Polizei und im Hilfs- und Rettungswesen folgende Kommunikationspraktiken eingehalten: In Vorarbeit eines geplanten Ereignisses, zum Beispiel einer größeren Veranstaltung, werden *Einsatzbefehlshefte* erstellt, die Informationen zusammenfassen und Karten des Ereignisortes beinhalten. Diese Einsatzbefehlshefte werden ausgedruckt und an die Beteiligten des Einsatzes verteilt. Die Informationen werden aber nicht digital im Leitstellensystem abgelegt.

Kommunikationstechniken wie der Sprechfunk und der Funkmeldestatus werden eingesetzt. Die Einsatzkräfte der Leitstelle können über die Sprechfunkgeräte mit den Einsatzkräften vor Ort kommunizieren. Wenn eine Einsatzkraft eine Information an die Leitstelle weitergeben will, wird Letzterer ein Signal mit den Handfunkgeräten übermittelt, der sogenannte *Sprechwunsch*. Sobald eine Einsatzkraft in der Leitstelle Zeit hat, die Kommunikation mit der Einsatzkraft vor Ort zu starten, wird *dem Sprechwunsch Folge geleistet*.

Durch die Zusammenführung von standardisierten Datensätzen kann das rettungsdienstliche Einsatzgeschehen bereichsübergreifend abgebildet werden (vgl. Kumpch & Luiz, 2011, S. 194). Zu den standardisierten Datensätzen gehören einheitliche Begriffsdefinitionen sowie die Lagebeschreibung. Über die Handfunkgeräte können Einsatzkräfte verschiedener Organisationen zusammengeschaltet werden. Für die Kommunikation wird das *TETRA* (terrestrial trunked radio) eingesetzt. Seit 2004 wird bei den Handfunkgeräten die *TETRA*-Technik als verschlüsseltes Transportmedium für die Datenübertragung genutzt und gilt als ein Standard für den digitalen Bündelfunk.

Der Informationstransfer kann auch standardisierte Anweisungen über Codes beinhalten. Dies wird als *Funkmeldesystem* (FMS) bezeichnet. So können Einheiten in Statusmeldungen mitteilen, ob sie beispielsweise einsatzbereit sind oder sich auf dem Weg zum Einsatz befinden. Exemplarisch seien hier die folgenden Statusmeldungen genannt: 03 steht für „Belegte Streife, Auftragsannahme nicht möglich", 05 für „Sprechwunsch" oder 09 für „Fahndungsabfrage". Des Weiteren lassen sich Textnachrichten zum Beispiel im *SDS-Format* (Short Data Service Messages) verschicken (vgl. NET Verlagsservice GmbH, 2004, S. 27).

Ludwig, Reuter und Pipek (2013, S.320) haben die Kommunikation in Behörden und Organisationen mit Sicherheitsaufgaben systematisch untersucht und festgestellt, dass auch beim routinierten Handeln der Informationsbedarf nicht zur Gänze abgedeckt ist. Die Einsatzkräfte werden zu aufwendiger Artikulationsarbeit gezwungen, um sich die Informationen von der Leitstelle über den Sprechfunk zu beschaffen. Eine Alternative zum verbalen Übermitteln von Informationen gibt es bei den Handfunkgeräten nicht.

2.1.2 Lageüberblick

Ein *Lageüberblick* verlangt eine Verortung im jeweiligen Gebiet und eine Einschätzung diverser Faktoren. Sie kann daher aus mehreren Informationen zusammengestellt werden. Zu einer *Lage* gehört unter anderem die Kräftelage (Auflistung aller benötigten Einsatzkräfte), die Beschreibung der Örtlichkeit sowie die Benennung beteiligter Behörden und Organisationen. Zum Hintergrundwissen im Kontext mit einer Lage gehört auch Kenntnis über die innen- und außenpolitische Entwicklung, die beispielsweise bei Demonstrationen entscheidend sein kann. Diese Informationen werden dementsprechend auch in der Lagebeschreibung vermerkt.

Die *Informationsbetrachtung* ist maßgeblich bei einer regionalen Lagebeurteilung. Aktuell werden diverse Kartentypen genutzt. So greifen beispielsweise Rettungskräfte seit vielen Jahren auf Rasterungssysteme anhand der Straßenlaternen zurück. Eine Rasterkarte aus den Einsatzdokumenten der Johanniter-Unfall-Hilfe e.V. ist in Abbildung 2 zu sehen. Behörden und Organisationen mit Sicherheitsaufgaben beschreiben auch heute noch einen Veranstaltungsbereich anhand einer Straßenlaternenkartierung. Diese Kartierung wird zur sprachlichen Übermittlung von Positionsangaben verwendet. Für das Verstehen dieses Kartierungssystems benötigen Einsatzkräfte eine spezielle Schulung.

Anlage 3 **Rasterkarte Abschlussveranstaltung** (Karte der Bln Fw):

Abbildung 2 Rasterungssystem anhand von Laternen
Kartenausschnitt Berlin, Tiergarten und Straße des 17. Juli, Information aus dem Einsatzbefehlsheft
der Leitstelle (Quelle: Dokument Einsatzbefehl der Johanniter-Unfall-Hilfe e.V.)

Einige Forschungsarbeiten weisen auf moderne Lösungen zur Lagedarstellung hin, doch werden solche Lösungen bislang weder bei der Polizei Berlin noch bei der Johanniter-Unfall-Hilfe e.V. in Berlin genutzt. Ludwig et al. (2013, S.319-320) haben ein neu entwickeltes Konzept einer mobilen Applikation erarbeitet. Dieses Konzept folgt einem Lösungsansatz, nach dem die Übertragung von Information durch die Berücksichtigung relevanter *Metadaten*, wie Ort, Zeit und Darstellungsformat, zu einer verbesserten Verarbeitung der Informationen führen soll. Freiwillige vor Ort, die wegen fehlender Erfahrung die Relevanz einer Information nicht einschätzen können, werden von dem erweiterten Informationsaustausch unterstützt.

Gegenwärtig werden in der Veranstaltungsvorplanung erste Metadaten zur geplanten Positionierung der Einsatzfahrzeuge aufwendig auf Rasterkarten eingetragen (Abbildung 2). Die Informationen auf den Karten werden auf Papier gedruckt verteilt und können somit anschließend nicht mehr verändert werden. Dieses Vorgehen ist ineffektiv. So haben die Einsatzkräfte der Leitstelle die Informationen, wo sich Einsatzkräfte befinden sollten, aber nicht, ob sie dort aktuell auch wirklich sind.

Betts et al. (2005, S.6) entwickelten mit dem *NASA Ames Disaster Assistance and Rescue Team* eine mobile Anwendung für Ersthelfergruppen (*first responder*), um die situative Aufnahmefähigkeit der Helferinnen und Helfer zu unterstützen. Diese mobile Anwendung auf einem PDA, Smartphone oder Tablet versorgt die Helfenden möglichst einfach mit den Informationen eines Einsatzes. Nur so kann die situative Aufnahmefähigkeit gesteigert werden. Es wird ein *erweitertes Bewusstsein* zur Einsatzsituation (Situation Awareness) für die Einsatzkräfte geschaffen (vgl. Betts et al., 2005, S.6). Solche mobilen Endgeräte fehlen jedoch bei den Einsätzen der Johanniter-Unfall-Hilfe e.V. in Berlin und im Berliner Polizeieinsatz.

2.1.3   Geoposition und Geokollaboration

Eine Geoposition kann mittels eines GNSS-Sensors[2] in einem mobilen Endgerät ermittelt und automatisch an andere Teilnehmer versendet werden. In einer sogenannten *georeferenzierten Anwendung* werden solche Geopositionen meist auf einer Karte angezeigt, um die Informationen nutzerfreundlich zu visualisieren. Eine *georeferenzierte Anwendung* ist keineswegs flächendeckend bei der Polizei oder bei Hilfs- und Rettungsorganisationen im Einsatz, obwohl Untersuchungen von Reuter und Ritzkatis (2013) dafürsprechen. Eine dieser Untersuchungen befasst sich mit Kartenmaterial. Die Luftbildansicht wurde dabei von den Probandinnen und Probanden aus dem Rettungswesen als wertvoll erachtet (vgl. Reuter & Ritzkatis, 2013, S. 1888). Eine *Luftbildansicht* kann das Kartenmaterial mit Bildmaterial der Erdoberfläche ergänzen. Eine automatisierte Übertragung der Positionen der Einsatzkräfte oder der Einsatzfahrzeuge hat insbesondere den Vorteil, dass eine verbale Positionsübermittlung überflüssig wird. Eine Studie untersucht die

---

[2]   Empfänger für globale Navigationssatellitensysteme

Kommunikation zwischen den Einsatzkräften vor Ort und den Leitstellen mittels Handfunkgeräte. Die Einsatzkräfte kritisierten, dass die derzeitige Übertragung von Standortdaten und Verfügbarkeiten zur Leitstelle oder zu den vor Ort tätigen Einsatzkräften mit dem Sprechfunk sehr zeitintensiv sei (vgl. Ludwig, Reuter, & Pipek, 2013, S.318).

Über eine *georeferenzierte Anwendung* hinaus kann ein System im Kontext der Zusammenarbeit mehrerer Personen auch als ein *Geokollaborationssystem* bezeichnet werden. Dabei kann sich beispielsweise die Lagebeschreibung aus den Informationen mehrerer Einsatzkräfte zusammensetzen. Bei der Katastrophenbewältigung ist die Lagebeurteilung eine kollaborative Aufgabe (vgl. Ludwig et al., 2013, S.318). Weder ein georeferenziertes noch ein geokollaboratives System werden derzeit in der Leitstelle der Polizei Berlin eingesetzt. Die Johanniter-Unfall-Hilfe e.V. in Berlin hingegen übermittelt erste Georeferenzen von Einsatzwagen an die Leitstelle, wie die noch folgenden Analysen genauer zeigen werden.

2.1.4   Fazit zur Kommunikationstechnik, zum Lageüberblick und zur Geokollaboration

Um das Ausmaß eines Einsatzaufkommens für den Lageüberblick zu erfassen, sollten alle eingegebenen Informationen zentral gebündelt und durch den Ortungsverweis auf einer Karte dargestellt werden. Diese umfangreiche *Informationsbetrachtung* wird in georeferenzierten Systemen zwar angeboten, doch bei der Polizei Berlin und der Johanniter-Unfall-Hilfe e.V. nicht eingesetzt. Aufgrund ihrer Mobilität benötigen Einsatzkräfte vor Ort mobile Endgeräte, die ihre GPS-Daten erfassen und auf einer Karte abbilden können. Über solche verfügen die Einsatzkräfte nicht. Der Lageüberblick würde mit den zusätzlichen Ortungsverweisen auf einer Karte sowohl der Leitstelle als auch der Einsatzkraft vor Ort helfen. Durch ein geeignetes mobiles Endgerät, wie beispielsweise Betts et al. (2005, S.6) zeigten, könnte die Karte vor Ort betrachtet werden.

Anknüpfend an die in Kapitel 2.1.2 und 2.1.3 erwähnte Untersuchung von Ludwig et al. (2013, S.320) ist auch zu hinterfragen, ob die derzeitige Sprechfunkkommunikation die optimale Lösung für den *Informationsaustausch* darstellt. Die Funkstatusmeldungen scheinen sehr geeignet, um schnelle, kurze Informationen zu übertragen. Aufgrund der geringen Übertragungsraten des BOS-Digitalfunks ist das Übermitteln von Multimediadaten aber nicht möglich. Eine Analyse möglicher Erweiterungen des derzeitigen BOS-Digitalfunks und des Mobilfunks sowie die Erkundung von unterstützenden Technologien ist daher ratsam (vgl. Ludwig et al., 2013, S.320). Zusätzlich zum BOS-Digitalfunk können dann Einsatzaufträge als digitale Informationsmeldungen vor Ort am Einsatzgeschehen empfangen werden.

Im Folgenden werden die Leitstelle der Polizei im Allgemeinen und die Leitstelle der Polizei Berlin im Besonderen betrachtet und analysiert. Daran anschließend steht das Hilfs- und Rettungswesen, das am Beispiel der Johanniter-Unfall-Hilfe e.V. genauer betrachtet wird, im Zentrum der Darstellung.

2.2 Polizei

Die Polizei in Deutschland leitet über ihre eigenen Einsätze hinaus auch organisationsübergreifende Einsätze ein. Bei der Polizei wird die Leitstelle als Einsatzleitzentrale bezeichnet. Die Polizei informiert ggf. zusätzlich Feuerwehr, Rettungsdienste und Verkehrsunternehmen und involviert sie zum Teil in die Polizeieinsätze. Die Führungskräfte und -organe der Polizei setzen sich aus Führungsstab, Führungsgruppe und Leitstelle zusammen. Deren Tätigkeiten sind die Strategieentwicklung, die Planung und die Vorbereitung von Einsätzen sowie die Befehlserstellung (vgl. Strobl & Wunderle, 2007, S.16). Die Leitstelle ist ein ständiges Führungsorgan (vgl. Strobl & Wunderle, 2007, S.16). Abbildung 3 zeigt ein Ablaufdiagramm zur Bewältigung einer *Lage*. Die klassische Einsatzsteuerung umfasst die Leitstelle mit den Einsatzkräften vor Ort (Abbildung 3, ab Punkt 7). Es gibt einen Planungs- und Entscheidungsprozess für die Bearbeitung von *Lagen*. *Lagen* bilden hier die Gesamtheit aller Umstände, Gegebenheiten und Entwicklungen für eine polizeiliche Handlung. Weiterführend gibt es die Bemerkung zur Lage, wobei kurze und informative Sätze den Sachverhalt zusammenfassen. Eine treffende Lagebeurteilung setzt neben Können Einsatzerfahrung voraus (vgl. Strobl & Wunderle, 2007, S.55).

Die Einsatzkräfte, die auch im Lagebild (Abbildung 3, Punkt 1) aufgelistet sind, werden anhand der Faktoren Verfügbarkeit, Verwendungsmöglichkeit und Verwendungsbereitschaft geprüft und nachfolgend dem Einsatz zugeordnet. Außer diesen Faktoren fließen Kriterien wie Führungsstärke, Lebenserfahrung, Ortskenntnisse und Spezialkenntnisse in die Einsatzzuordnung mit ein.

Abbildung 3 Ablaufdiagramm zur Lagebewältigung
(Quelle: Strobl & Wunderle, 2007, S.44)

Diese Kriterien und ihre Anwendung beruhen auf den Erfahrungen der Disponentinnen und Disponenten mit den Einsatzkräften. In einer Lagebeschreibung, die präventiv für Events angelegt wird, sind für Großveranstaltungen umliegende Bereiche, Points of Interest (dt.: interessante Orte), Parkplätze und alle weiteren potenziellen Aufenthaltsorte von Menschengruppen verzeichnet (Abbildung 3, Punkt 1-3). Jede Angabe erhält eine Entfernung zum Zielort und eine Beschreibung der Erreichbarkeit zu Fuß.

2.2.1   Technikstand kommerzieller IT-Systeme für die Polizeieinsatzleitung

Für die Einsatzleitung und die Darstellung des Lageüberblicks werden und wurden verschiedene Systeme bei der Polizei in Deutschland eingesetzt, zum Beispiel Zeus (Zentrales Einsatz- und Unterstützungs-System) oder Cebi (Computerunterstützte Einsatzleitung, Bearbeitung und Information) (vgl. Dick, 2011).

Im Folgenden wird exemplarisch auf das System FELIS eingegangen. *FELIS* (Flexibles Einsatzleitsystem Innere Sicherheit) zeichnet sich durch ein hochverfügbares, skalierbares Client-Server-System mit Notbetriebslösung aus (vgl. Deutsche Messe Interactive GmbH, 2014, S.4). Auf der Kartendarstellung (Abbildung 4, rechts) lassen sich anhand von Straßennamen und Hausnummern Einsatzorte visualisieren. Bei der Disposition gibt es eine Funktion, die automatisch Einsatzmittel vorschlägt, sowie eine Karte. Auf der Karte werden neben den Straßen insbesondere Hausnummern visualisiert, die zur Erfassung der Einsatzposition helfen. Alle Informationen werden in Formulare (Abbildung 4, links) manuell eingetragen.

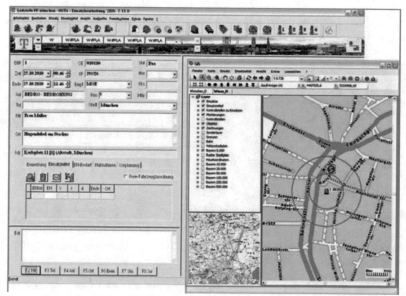

Abbildung 4 Systemoberfläche FELIS (Quelle: Deutsche Messe Interactive GmbH, 2014)

Die Entwicklung des *Polizei-Einsatzleitsystems* (PELZ) in Berlin übernahm 2007 die Intergraph (Deutschland) GmbH. Intergraph bietet seit 2013 zusätzlich ein Lageinformations- und Stabssystem als webbasierte Lösung an. Von Ermittlungsgruppen bis hin zum Hilfssystem für Sperrzonen und Räumungsmaßnahmen sind Entscheidungen auf Basis gesicherter, dokumentierter Informationen gefordert (vgl. Intergraph SG&I Deutschland GmbH, 2013, S.1).

Die Einsatzleitzentralen werden durch das „Computer Aided Dispatch (I/CAD)" mit allen erforderlichen Hilfsmitteln für die Anrufverarbeitung, die Erstellung und Aktualisierung von Einsätzen und der Verwaltung der internen Ressourcen unterstützt (vgl. Intergraph [Deutschland] GmbH, 2008, S.1).

Eine Einsatzleitzentrale kann in Ausnahmefällen auch mobil in einem Fahrzeug stationiert werden. Abbildung 5 zeigt ein Leitstellenfahrzeug von innen (links) und die Bedienoberfläche eines mobilen Leitstellenmoduls (rechts). Das Konzept „I/Mobile TC Modul" (Abbildung 5, rechts) kann mobil vor Ort einen Zugriff auf die Funktionalitäten einer Leitstelle bereitstellen (vgl. Intergraph [Deutschland] GmbH, 2010, S.1). Es ist ein Zusatzmodul des Leitstellensystems. Es verbindet somit die mobile Nutzerin bzw. den mobilen Nutzer direkt mit der stationären oder der mobilen Einsatzleitzentrale.

Abbildung 5 Mobile Einsatzleitzentrale
(links, Quelle: Rheinland-Pfalz Polizei Kurier) I/Mobile TC Modul Oberfläche (rechts, Quelle: Intergraph [Deutschland] GmbH, 2010, S.1)

In Abhängigkeit von den Verwendungsmöglichkeiten und den Verfügbarkeiten der Einsatzkräfte werden die Einsätze geplant.

Informationen über eine Einsatzkraft könnten zukünftig besser aufbereitet sein, sodass systemautomatisiert Hilfestellung gegeben werden kann. Dies würde zu einer umfangreicheren Lagebeschreibung im System der Leitstelle führen. Weiterhin ist festzuhalten, dass die Polizei bis auf die klassischen Handfunkgeräte keine mobilen Systeme für die Einsatzkräfte anbietet. Die Einsatzkraft vor Ort ist auf ihre eigene Ortskenntnis angewiesen, um eine Lagebeurteilung durchzuführen. Die Lösung *I/Mobile TC* von Intergraph bezieht sich lediglich auf das Leitstellensystem, das in ein Fahrzeug eingebaut ist. Dieses System ist jedoch nicht als tragbares und direkt am Einsatzort bedienbares Endgerät gedacht.

Zusammengefasst zeigt sich bei der *Informationsbetrachtung* und bei der *Informationsweitergabe* ein Defizit. Das aktuelle Polizeisystem entspricht nicht den georeferenzierten Systemen und den mobilen Lösungen, die im Kapitel „2.1 Kommunikationstechnik, Lageüberblick und Geokollaboration" angesprochen wurden.

2.2.2   Kontextanalyse der Einsatzleitzentrale der Polizei Berlin

Die folgende exemplarische Analyse bezieht sich auf die Polizei Berlin. Hauptanliegen ist, die eingesetzten Systeme in aktiver Nutzung zu untersuchen. Mithilfe der Ergebnisse dieser Analyse werden Anforderungen an ein optimiertes Computersystem unter besonderer Berücksichtigung von Natural User Interfaces herausgearbeitet.

Die im Oktober 2013 durchgeführte Analyse kombiniert eine Feldbeobachtung in der Einsatzleitzentrale der Polizei Berlin mit einer Befragung (Interview). Für die Beobachtungen und die Interviews mit den Einsatzkräften in der Einsatzleitzentrale wurde ein teilstandardisiertes Verfahren angewendet, um möglichst breit gestreute Informationen zu erlangen (vgl. Westhoff et al., 2010, S.108ff.). Die Polizistinnen und Polizisten konnten während ihrer laufenden Arbeit beobachtet und interviewt werden. Die Arbeitsabläufe wurden notiert und im Anschluss in Szenarien zusammengefasst. Die Fragen in den Interviews bezogen sich auf eine von den Polizistinnen und Polizisten durchgeführte Aufgabe. Die Befragung wurde nach Abschluss einer Aufgabe durchgeführt, um die Beobachtung nicht zu verfälschen. Die Antworten erhalten Informationen über die durchgeführte Aufgabe und über die Art und Weise der Durchführung. Es wurden zwei Arbeitsplätze in der Einsatzleitzentrale analysiert: erstens der Arbeitsplatz, an dem die Notrufe eingehen und Einsätze erstellt werden, und zweitens der Arbeitsplatz, an dem die Polizeieinheiten nach Direktionen gruppiert und disponiert werden. Die Analyse dauerte etwa zwei Stunden und wurde an einem Arbeitstag durchgeführt, welcher nach Meinung der Polizistinnen und Polizisten als durchschnittlich zu charakterisieren war.

2.2.2.1   Allgemeine Beobachtungen in der Einsatzleitzentrale

Beim Polizeinotruf (110-Notfallmeldungen) erfolgen als erstes eine Informationsaufnahme und eine einsatzortbestimmte Zuordnung zu einer Direktion. Dieser erste Schritt wird an ausgewählten Arbeitsplätzen in der Einsatzleitzentrale vollzogen. Anderen Arbeitsplätzen im großen Arbeitsraum der Einsatzleitzentrale sind Direktionen zugeordnet. An diesen Arbeitsplätzen disponieren Polizistinnen und Polizisten die Einheiten für einen Einsatzauftrag und informieren die jeweiligen Einheiten per Sprechfunk.

Die Berliner Polizeieinsatzleitzentrale umfasst sechs Direktionen. Diese Direktionen umfassen die Abschnitte und Wachen der Polizei, die in ganz Berlin verteilt sind. Eine oder auch mehrere Einsatzkräfte leiten in der Einsatzleitzentrale eine Direktion mit ungefähr sieben Abschnitten, die wiederum in sogenannte Dienstgruppen eingeteilt sind. Die Dienstgruppen haben zwischen vier und zehn Einheiten (Einsatzkräfte und Einsatzwagen) aktiv oder auf Abruf im Einsatz. Zusätzlich unterhält die Berliner Polizei Wachen an verschiedenen Veranstaltungsorten, wie dem Berliner Olympiastadion.

Jeder Arbeitsplatz in der Einsatzleitzentrale hat Zugriff auf das Polizeieinsatzleitzentralen-System (PELZ) und ist mit drei Monitoren ausgestattet. Für die Eingaben sind Maus und Tastatur vorgesehen. Ein Arbeitsplatz, an dem Notrufe entgegengenommen werden, hat auf dem ersten Monitor alle Eingabefelder für die Datenaufnahmen (Vorfall, Einsatzort, Priorität etc.), auf dem zweiten Monitor eine tabellarische Übersicht aller Einsätze und auf dem dritten Monitor Kartenmaterial. Bei Anruf unter 110 nimmt die Einsatzleitzentrale die Daten des Einsatzes, Vorgangs o.Ä. auf. Darunter befinden sich Angaben für die Adresse, den Tatgegenstand und die Tatbeschreibung. Prioritätenangaben beschleunigen die Bearbeitung des Folgegeschehens (Abbildung 36, S.141). Anhand der Adresseingabe ordnet das System den Vorfall den Direktionen zu. Die Einsatzkraft einer Direktion entscheidet über den weiteren Verlauf des Einsatzes und kommuniziert mit der Einheit vor Ort. Die zuständige Direktion der Einsatzleitzentrale hat auf einem Bildschirm eine Übersicht aller Einheiten in einer Listenansicht. Es werden die Statusanzeigen (2.1.1 Einsatzkommunikation, S.8) aller Einheiten auf den Monitoren angezeigt. Rückmeldungen zur Einsatzleitzentrale werden für die Anforderung weiterer Einsatzkräfte oder zur Benachrichtigung beendeter Einsätze durchgeführt.

2.2.2.2   Beobachtete Arbeitsabläufe

Nachfolgend werden die Arbeitsabläufe „1. Eingehende Meldungen", „2. Disposition", „3. Einsatzaufnahme und Statusänderung" beschrieben, die bei der Analyse beobachtet wurden. Die Abläufe werden an drei ausgewählten exemplarischen Fällen nachgezeichnet.

Arbeitsabläufe „Disposition"

Zusammenfassung des Einsatzes bei der Evaluation – Gegen ein Ölunternehmen Protestierende haben sich an der Tankstelle am Flughafen Tegel an den Gasbehältern festgekettet und behindern den Arbeitsablauf der Mitarbeiterinnen und Mitarbeiter des Flughafens und der Tankstelle.

Beobachtung – Die Mitarbeiterin oder der Mitarbeiter der Direktion (Arbeitsplatz im zuständigen Direktionsbereich) gibt den Einsatzauftrag an eine Einheit (Auswahl anhand der Statuscodes der Einheiten) weiter und sucht dann den Weg zur Tankstelle auf der digitalen Karte (als besten Anfahrtspunkt). Dies ist nötig, da dieser Ort von den Einsatzkräften selten angefahren wird und sich die Einsatzkräfte vor Ort nicht auskennen. Alle Informationen werden über Sprechfunk übermittelt.

Die Zuordnung der Einheit zum Einsatz ist durch die farblichen Markierungen auf der Bedienoberfläche gekennzeichnet. Jede Einheit, die zu einer Direktion gehört, wird nach dem derzeitigen Status farblich markiert und in einer Tabelle angezeigt. Dies ist die Zahlencode-Übertragung für den Einsatzstatus der Einheit. Die Polizistinnen und Polizisten können sich mittels Konferenzfunktion des Sprachfunkgeräts untereinander absprechen.

Arbeitsabläufe „Eingehende Meldungen" (von Polizistinnen und Polizisten oder von Bürgerinnen und Bürgern an die Einsatzleitzentrale)

Zusammenfassung des Einsatzes bei der Analyse – Eine Person meldet einen Vorfall (Graffiti an einem Gebäude) über den Notruf.

Beobachtung – Meldungen von anderen Personen gehen am Arbeitsplatz für Notrufe ein. Die Einsatzkraft an diesem Arbeitsplatz nimmt die Informationen auf und leitet diese anhand des Ortes an die jeweiligen Arbeitsplätze der zuständigen Direktionen weiter; im vorliegenden Fall ist dies die Direktion 1. (Meldungen von Polizistinnen und Polizisten kommen direkt an den Direktionsarbeitsplätzen an.)

Die Mitarbeiterin oder der Mitarbeiter am Arbeitsplatz für die zuständige Direktion 1 kennt meist die genauen Positionen der Einheiten aus den der Direktion 1 zugeordneten Abschnitte 11 bis 13 nicht. Die Kenntnis über die Positionen der Einheiten wird vielmehr aus den vorherigen Dispositionen abgeleitet und abgeschätzt. Der Mitarbeiter oder die Mitarbeiterin wählt eine Einheit aus und hält Rücksprache zur Position.

1. Der Notruf wird entgegengenommen und in das System eingegeben (Arbeitsplatz für Notrufe).
2. Die Direktion wird anhand des Einsatzortes automatisiert gewählt und es werden die Daten übermittelt.
3. Am Arbeitsplatz der Direktion wird eine Einheit zugeteilt.
   - In diesem Fall kennt die Einsatzleitzentrale die Position einer verfügbaren Einheit in der Nähe und kann diese direkt zuordnen.
   - Die Einheit fährt zum Einsatzort.
   - Über die Statuscodes übermittelt und kennzeichnet die Einheit die Einsatzannahme und schlussendlich das Beenden eines Einsatzes.

Bei der Graffiti-Verunreinigung ist vorab klar, dass der Verursacher nicht mehr vor Ort oder in der Umgebung zu finden sein wird. Eine sich schon vor Ort befindliche Polizistin oder ein Polizist würde ansonsten den Vorfall an die Einsatzleitzentrale melden und ihm direkt vor Ort nachgehen. Die Polizistin oder der Polizist kommuniziert mit der Direktion. Hingegen wählt die Privatperson die 110 und erreicht die Arbeitsplätze der Einsatzleitzentrale, die nicht den Direktionen zugeordnet sind.

Arbeitsabläufe „Einsatzaufnahme und Statusänderung"

Die Polizistinnen und die Polizisten im Außendienst bieten sich dem Einsatz zum Teil direkt an, wenn sie das Funkgespräch mithören. Hierbei liegt es im Ermessen der Einsatzleitzentrale, welche Polizeieinheit dem Einsatz zugeteilt bzw. ob der Anfrage einer Polizistin oder eines Polizisten zur Übernahme des aktuellen Einsatzes stattgegeben wird. Die Kommunikation von der Einsatzleitzentrale kann an eine Einheit gehen oder für alle Beteiligten offengelegt werden. Sobald die Übernahme eines Einsatzes von der Einsatzleitzentrale bestätigt wird, ändert sich der Status der Einheit. Er wird im Leitstellensystem vermerkt.

Die Polizistinnen und Polizisten kennen oftmals den gemeldeten Einsatzort infolge der verhältnismäßig kleinen Abschnittsbereiche sehr gut. Dort wechseln Polizistinnen und Polizisten selten ihre Abschnittsbereiche und arbeiten zuweilen jahrelang in der gleichen Umgebung.

2.2.2.3   Ausgewählte Szenarien der Polizeieinsatzleitzentrale

Es werden Arbeitsabläufe gewählt, die während der Analyse beobachtet wurden, und zu Szenarien zusammengefasst. Die Szenarien dienen im Anschluss der Ausarbeitung der Anforderung zum neu entwickelten Leitstellensystem. Ähnliche Arbeitsabläufe können und werden in einem Szenario zusammengefasst. Ein Szenario wird zum einen aus der Perspektive der Einsatzleitzentrale (*Szenario Leitstelle*) und zum anderen aus Sicht der im Einsatz befindlichen Einsatzkraft (*Szenario Mobil*) betrachtet. Die drei jeweils gewählten Szenarien greifen die Arbeitsabläufe bei der Polizei auf. Auf dieser Basis werden die Anforderungen an das neu zu entwickelnde Leitstellensystem definiert.

Einige Arbeitsabläufe werden zum Szenario „Einsatzauftragserstellung" zusammengefasst. Die Einsatzauftragserstellung wird von der Einsatzleitzentrale ausgeführt (Szenario *Leitstelle – Einsatzauftragserstellung*). Auf der mobilen Seite (Einsatzkraft am Ort des Geschehens) wird der Einsatz entgegengenommen (Szenario *Mobil – Informationsempfang*). Die vor Ort befindlichen Polizistinnen und Polizisten teilen der Einsatzleitzentrale Status und aktuelle Vorkommnisse mit. Diese Mitteilungen können zu einer Einsatzauftragserstellung führen, also eine „Einsatzmitteilung (Einsatzauftragserstellung) von der mobilen Einsatzkraft" (Szenario *Mobil – Einsatzauftragserstellung*). Die Einsatzleitzentrale nimmt die übermittelten Daten der/des im Einsatzgeschehen vor Ort befindlichen Polizistin/Polizisten entgegen (Szenario *Leitstand – Informationsempfang*). Die Übermittlung einer neuen Position zu einem Einsatz stellt ein weiteres Szenario dar (Szenario *Leitstelle – Positionsübermittlung*). Die jeweils neue Position muss entgegengenommen werden (Szenario *Mobil – Positionsübermittlung*).

Tabelle 1 Titel der Szenarien von beiden Benutzerrollen der Polizei

Szenarien in der Polizeieinsatzleitzentrale	Szenarien der Polizistinnen und Polizisten vor Ort
Einsatzauftragserstellung in der Leitstelle	mobile Einsatzauftragserstellung
Informationsempfang in der Leitstelle	mobiler Informationsempfang
Positionsänderung in der Leitstelle	mobile Positionsänderung

2.2.3   Fazit zur Polizei und deren Analyse

Im Abschnitt Technikstand (2.2.1, S.15) wurde vor der Analyse erfasst, dass das Unternehmen Intergraph ein Einsatzleitsystem für den Polizeieinsatz mit einem integrierten Geoinformationssystem und mit Lösungen für die Lagedarstellung und die Positionsübermittlung von Einheiten anbietet (vgl. (Intergraph [Deutschland] GmbH, S.1). Die Berliner Polizei setzt überhaupt keine georeferenzierten Daten ein (Stand Oktober 2014), wie die beobachteten Arbeitsabläufe zeigen. Die Beobachtung deckt auf, dass der Einsatz dieser ortungsbasierten Services bei der Polizei in Deutschland keineswegs flächendeckend ist. Fehlende oder datenschutzrechtlich untersagte GPS-Nutzung hat zur Folge, dass die Einsatzleitzentrale keine ortungsbasierten Services auf einer Karte nutzen kann. Die nicht durchgeführte Positionsübermittlung ist ein Nachteil bei der Einsatzbewältigung, da nicht zu erkennen ist, wer am schnellsten am Einsatzort sein könnte. Die Disponentinnen und Disponenten arbeiten mit nicht mehr aktuellen Standorten aus vorherigen Einsätzen. Eine Erfassung der Position per GPS und Verortung auf der Karte in der Einsatzleitzentrale würde zeitnahe, verlässliche Daten liefern.

Ein Lageüberblick vor Ort ist nicht möglich. Es werden diesbezüglich zeitaufwendig Rückfragen an die Einsatzleitzentrale gestellt, wie der Arbeitsablauf „Disposition" (2.2.2.2 Beobachtete Arbeitsabläufe, S.19) zeigt. Die derzeitige Einsatzauftragserstellung anhand von Straßen und Hausnummern zu verorten, stellt ein Problem dar, nicht zuletzt, weil nicht jeder Einsatz in der Nähe eines Hauses oder einer Straße stattfindet. Der damit einhergehende Informationsmangel bewirkt eine reduzierte Sicht auf die Einsatzlage. Die eingesetzten Geräte mit GNSS-Sensoren, die in manchen, aber nicht allen Einsatzwagen verbaut sind, dürfen aus datenschutzrechtlichen Gründen nicht verwendet werden. Die Verortung von Einheiten auf der Karte ist laut Befragung von den Polizistinnen und Polizisten in der Einsatzleitzentrale aber gewünscht und würde dort helfen, die passende Einheit auszuwählen. Einsatzkräfte melden ihre Informationen an die Einsatzleitzentrale. Die Disponentinnen und Disponenten bewerten die Situation und entscheiden über weitere Maßnahmen.

Nur durch zufälliges Mithören können sich in der Nähe befindliche Einsatzkräfte in das Geschehen einbringen. Eine Kommunikation der Einsatzkräfte untereinander wäre in einigen Einsatzfällen hilfreich. Eine effizientere Einsatzplanung ist dann insbesondere bei den direktionsübergreifenden Einsätzen möglich. Die Analyse zeigt, dass Einheiten, die einer anderen Direktion zugeteilt sind, erst dann zugeschaltet werden, wenn sich keine andere Einheit in der aktuellen Direktion findet. Dies bedeutet, dass bei einem Einsatz in der Nähe einer Direktionsgrenze eine Einheit, die durch den ganzen Direktionsbereich fahren muss, von der Einsatzleitzentrale zuerst kontaktiert und zugeteilt wird. Eine möglicherweise unweit vom Einsatzort entfernte Einheit aus dem angrenzenden Direktionsbereich wird folglich zunächst nicht involviert.

Die standardisierten Zahlencodes, die im Abschnitt 2.1.1 Einsatzkommunikation (S.8) zur Sprache kamen, scheinen hingegen sehr effektiv genutzt zu werden. Des Weiteren sind Einsätze nach standardisierten Vorgaben abzuarbeiten. Beide Aspekte – die standardisierten Vorgaben und die standardisierten Zahlencodes – weisen auf ein großes Potenzial für eine erweiterte Computerunterstützung hin.

2.3   Hilfs- und Rettungsdienste

Die Notfallrettung in Deutschland wird von der Feuerwehr als Ordnungsaufgabe wahrgenommen. Die Feuerwehr kann dem Deutschen Roten Kreuz oder der Johanniter-Unfall-Hilfe e.V. Aufgaben der Notfallrettung übertragen (vgl. Rettungsdienstgesetz, Senatsverwaltung für Inneres und Sport, 2005, S.3). In ganz Deutschland werden bei Großveranstaltungen darüber hinaus Einsatzkräfte weiterer Rettungsdienste rekrutiert und um ehrenamtliche Mitarbeiterinnen und Mitarbeiter ergänzt (vgl. Stadt Gelsenkirchen – Referat Feuerschutz, Rettungsdienst und Katastrophenschutz, 2013, S.27).

Für die Notfall- und Rettungsmedizin spezifizierten Lenz et al. Anforderungen an ein *Rückmeldeinstrument* (Lenz, Luderer, Seitz, & Lipp, 2000, S.73). Das Rückmeldeinstrument sollte ein System umfassen, welches zwei Elemente umfasst: erstens die Aufnahme und das zentrale Speichern der Daten und zweitens das Melden der Einsatzkraft im Einsatzgeschehen vor Ort an die Leitstelle. Zu den Anforderungen zählen die Erfassung qualitativer Daten (Notfallart, Notfallschwere), die zeitlich schnelle Verfügbarkeit, der maximale Datenrückfluss, die Akzeptanz der neuen Nutzerschnittstelle seitens aller Beteiligten, der Datenschutz sowie ein vertretbarer Auswertungs- und ein minimaler Erfassungsaufwand.

Bei der Disposition von Einsätzen mit mehr als einer Einheit müssen Prioritäten und Zeitfaktoren berücksichtigt werden. Ein Algorithmus, den das Rote Kreuz in Österreich entwickelt hat, dient zur optimalen Ressourcenverteilung und berücksichtigt auch *Paralleleinsätze* (vgl. Fuchs, 2010, S.239). Die Alarmpläne der Einheiten gehen in den Algorithmus ein, sodass beispielsweise keine Einheit disponiert wird, die sich schon in einem Einsatz befindet. Eine *Einsatzmittelvorschlagfunktion*[3] könnte die Disponenten beim Vorliegen mehrerer Einsätze deutlich entlasten und Fehler aufgrund falscher Dispositionen oder schlechter Ressourcenverteilung ließen sich reduzieren (vgl. Fuchs, 2010, S.245).

Zeitliche Abläufe im Rettungsdienst sind anhand von relevanten Zeitpunkten und Zeitabschnitten definiert (vgl. Schmiedel & Behrendt, 2011, S.34ff.). Unter der *Bedienschnelligkeit* des Rettungsdienstes wird die Zeitspanne vom Eingang der Meldung in der Leitstelle bis zum Eintreffen des Rettungsmittels am Einsatzort verstanden. Während der Gesprächszeit werden alle nötigen Informationen für die Einsatzentscheidung abgefragt (vgl. Schmiedel & Behrendt, 2011, S.36). Diese Informationen werden im Allgemeinen unter dem Begriff *Meldebild* zusammengefasst. In den Leitstellen liegen im Durchschnitt die *Dispositions- und Alarmierungszeiten* nach Eingang der Meldung bei 2,5 Minuten für einen Notarzteinsatz und 2,0 Minuten für einen Notfalleinsatz (vgl. Schmiedel & Behrendt, 2011, S.39). Bei *Rettungsmittelknappheit* kann es passieren, dass zum Beispiel Krankentransporte auf den Status „Zuteilung warten" gestellt werden müssen.

Die *Alarm- und Ausrückordnung (AAO)* enthält in Deutschland Grundregeln für die Alarmierung der Behörden und Organisationen mit Sicherheitsaufgaben. Jede Leitstellensoftware basiert auf diesen Regeln und Vorgehensweisen.

2.3.1   Technikstand kommerzieller IT-Systeme für die Hilfs- und Rettungsdienste

Auch im Hilfs- und Rettungswesen sind für die Einsatzleitung und die Darstellung des Lageüberblicks verschiedene Systeme erhältlich. Bei Behörden und Organisationen gibt es eine Vielzahl von Leitstellentechnologien. „Es handelt sich um meist

---

[3]   *Einsatzmittel* wird in dem Kontext oftmals als Synonym zu *Einheit* verwendet.

‚technologische Einzelprojekte' mit unterschiedlichen Beschaffungszyklen.'' (Marks et al., 2013, S.6) Exemplarisch hierfür sei das System der Johanniter-Unfall-Hilfe e.V. dargestellt.

Seit Februar 2014 ist eine neue Version eines Systems bei der Johanniter-Unfall-Hilfe e.V. in der Leitstelle in Berlin im Einsatz. Das von der Eifert Systems GmbH entwickelte System (Einsatzleitsoftware EDP 4) ist eine Desktop-Anwendung und implementiert eine GPS-Verortung von Einsatzfahrzeugen. Die Aktualisierung der Verortung läuft jedoch nicht automatisiert ab, sondern muss von der Einsatzkraft vor Ort manuell über das Handfunkgerät ausgelöst werden. In Abbildung 6 ist die auf Formblättern basierende Systemoberfläche des EDP 4 zu sehen (u. a. Einsatzort und Daten der den Einsatz meldenden Person). Die Übersicht aller Einheiten (Einsatzmittel) wird mittig in Listenform wiedergegeben. Ein ausgewähltes Einsatzmittel wird über eine Interaktionsfläche „Zuteilen" dem aktuell in Bearbeitung befindlichen Auftrag zugeordnet.

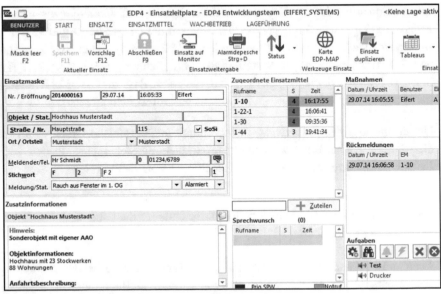

Abbildung 6 Ausschnitt der Bedienoberfläche der EDP 4 Software
(Quelle: http://www.einsatzleitsoftware.de/cms/)

Prioritäten und Zeitfaktoren sind beim Disponieren von der Disponentin und dem Disponenten ohne Systemunterstützung zu bewerten. Ortsangaben müssen zunächst in Formblätter eingegeben werden. Bei einer solchen Software kann eine zusätzliche GPS-Unterstützung den Disponentinnen und Disponenten sowie den Fahrerinnen und Fahrern der Einsatzfahrzeuge insbesondere bei kurzfristig aufkommenden Einsätzen helfen (vgl. Johanniter-Unfall-Hilfe e.V. Landesverband Berlin/Brandenburg, 2014, S.2).

Zukünftig soll durch das digitale Erfassen des Einsatzgeschehens auch die Qualität der rettungsdienstlichen Versorgung ausgewertet werden (vgl. Messelken et al., 2011, S.134). Die Mitnahme von mobilen Endgeräten würde Dateneingabe und Datenabruf hierfür gewährleisten. Ein geeignetes Endgerät dafür fehlt allerdings bislang im Hilfs- und Rettungsdienst.

2.3.2   Kontextanalyse der Leitstelle der Johanniter-Unfall-Hilfe e.V.

Das Hauptziel der im April 2014 bei der Johanniter-Unfall-Hilfe e.V. (Regionalbereitschaftsleitung Berlin) durchgeführten Beobachtung und Befragung war, die eingesetzten Systeme in aktiver Nutzung zu untersuchen. Mithilfe der Analyseergebnisse sind Anforderungen an ein optimiertes Computersystem unter besonderer Berücksichtigung von Natural User Interfaces herauszuarbeiten. Die Arbeitsabläufe wurden notiert und im Anschluss an die Analyse in Szenarien zusammengefasst.

Im einem ersten Schritt wurden Beobachtungen und Interviews mit den Einsatzkräften in der Leitstelle mit einem teilstandardisiertem Verfahren durchgeführt, um möglichst breit gestreute Informationen zu gewinnen (vgl. Westhoff et al., 2010, S.108ff.). Die Einsatzkräfte konnten während ihrer laufenden Arbeit beobachtet werden. Die Befragung wurde nach Abschluss einer Aufgabe durchgeführt, um die Beobachtung nicht zu verfälschen. Die Fragen in den Interviews bezogen sich auf die durchgeführte Aufgabe; die Antworten enthalten Informationen über die durchgeführte Aufgabe und über die Art und Weise der Durchführung. Die Beobachtung und Befragung startete während eines laufenden Events und dauerte etwa drei Stunden. Die Johanniter-Unfall-Hilfe e.V. hatte zusammen mit der Malteser Hilfsorganisation die notärztliche Betreuung des Christopher-Street-Days in Berlin übernommen.

Im einem zweiten Schritt wurde im März 2015 ergänzend ein Einsatztag in einer Videodokumentation festgehalten. Diese Aufzeichnung fand in der Leitstelle der Johanniter-Unfall-Hilfe e.V. in Berlin statt und dokumentiert die Bearbeitung von Daten eines realen Events unter Nutzung des derzeitigen Systems (Abbildung 9, S.30). Bei dieser Analyse sind detailliert Arbeitsabläufe festgehalten worden. Während dieses zweiten Teils der Analyse wurde der Berliner-Halbmarathon von der Johanniter-Unfall-Hilfe e.V. betreut. Präventiv arbeiteten der Veranstalter, die Feuerwehr, die Polizei sowie Sicherheitsfirmen und Hilfsorganisationen miteinander und trafen die Vorbereitungen für die Veranstaltung. Die Video-Aufzeichnung beläuft sich auf insgesamt vier Stunden.

2.3.2.1   Allgemeine Beobachtungen in der Leitstelle

Die Johanniter verfügen über eine zentrale Leitstelle für die Stadt Berlin. Die Meldungen der Feuerwehr werden über ein Faxgerät an diese Leitstelle übermittelt. Nachfolgend werden die gedruckten Daten digitalisiert. Ein oder zwei Einsatzkräfte der Leitstelle geben die eingehenden Notrufe der Feuerwehr in das Leitstellensystem ein. Die Einsatzkräfte in der Disposition verteilen die Aufgaben der Tätigkeiten der Einsatzgruppen weiter. Es existieren Einsatzgruppen mit Rettungswagen (RTW) und Krankentransportwagen (KTW).

Alle im Einsatz befindlichen Einheiten sind in Abbildung 7 tabellarisch aufgelistet. Die Einheiten werden gemäß ihren jeweiligen Statuscodes farblich gekennzeichnet. In der Leitstelle werden Dispositionen und Zuteilung teils unter mündlicher Absprache mit dem Einsatzleiter durchgeführt. Die Zuteilung wird über die Sprechfunkanlage übermittelt. Die mobilen Einsatzkräfte stellen auch Sprechfunkanfragen an die Leitstelle. Diese Anfragen werden digital in einer Liste auf der Systemoberfläche (Abbildung 6, S.26) angezeigt. Sobald die Leitstelle zeitlich dieser Anfrage nachkommt, startet der Informationsaustausch. Die Leitstelle trägt die Gegebenheiten aus dem Dialog in ein Logbuch ein. Die Eingabe erfolgt auch hier mittels Maus und Tastatur. Die Leitstelle hat ein digitales Panel, wo die Einsatzwagen und -kräfte mit einem Buchstaben- und Zahlencode aufgelistet werden (Abbildung 7).

RTW		KTW		UHST		UHST		Streifen	
A 7300/1	6	A 85/41	1	A 110	1	A 150	6	A 151	6
A 7300/3	2	A 85/54	2			A 160	6	A 152	6
A 7300/4	2	A 85/01	6	J 210	1			A 153	6
J 7400/1	2	J 84/31	2					A 154	6
J 7400/3	2	J 85/24	2	J 410	1	J 250	6	J 251	6
J 7400/4	3	J 85/54	2					J 252	6

Abbildung 7 Auflistung der Einheiten auf einem digitalen Panel in der Leitstelle
Funkcodes: Funk-Rufnamen: J = Johannes für Malteser, A = Akkon für Johanniter Spalten: RTW
Rettungswagen, KTW Krankentransportwagen, UHST Unfallhilfestelle, Streifen: weitere
Einsatzkräfte

Anhand bekannter Vorjahreszahlen zur Besuchermenge und der erwarteten Wetterlage werden die benötigten Einsatzkräfte vor der Veranstaltung geschätzt. Wie in Abbildung 7 zu sehen, sind sechs Einsatzkräfte (auch *Streifen* genannt, Spalte 5) mobil vor Ort. Die Farbcodierung verdeutlicht den Status der Einsatzbereitschaft. Außerdem gibt es drei Personen (Spalte 3) an den Unfallhilfestellen (UHST), die auf auch der digitalen Karte (Abbildung 8) verortet sind. Sowohl das Panel als auch die Karte sind auf der selben Systemoberfläche zu sehen. Zahlreiche Fahrzeuge sind vor Ort und auf Abruf bereit. Auf der Karte Abbildung 8 sind ergänzend die letzten Standorte der Fahrzeuge angezeigt.

Abbildung 8 Kartenübersicht des Einsatzgebietes
Codes: J = Johannes für Malteser, A = Akkon für Johanniter, UHST = Unfallhilfsstelle,
Ausrufezeichen = für ein besonderes zuvor eingetragenes Ereignis

2.3.2.2   Videoaufzeichnung

Die Videodokumentation beinhaltet zahlreiche Einsatzabläufe, insbesondere die Sprechfunkkommunikation und die Informationsübermittlung. Es wurde unter anderem aufgezeichnet, wie parallel mehrere Einsätze von einer Einsatzkraft in der Leitstelle bearbeitet werden. Die einzelnen Bearbeitungszeiten für die verschiedenen Arbeitsabläufe lassen sich in dem Fall nicht voneinander trennen, d. h. es kann nicht jeder Tätigkeit genau ein Arbeitsablauf zugeordnet werden. Folglich kann auch die benötigte Zeit beispielsweise für eine Einsatzauftragserstellung nicht bestimmt werden. Für einen objektiven Vergleich zwischen der Bearbeitungszeit mit dem derzeitigen und mit dem neuen System wäre die exakt erfassbare Bearbeitungszeit wichtig. Der Vergleich über die exakte Bearbeitungszeit wird daher ausgeschlossen.

Abbildung 9 Screenshot der Videoaufzeichnung im realen Einsatz
der Leitstelle der Johanniter

Ebenso wie bei der auf die Polizei bezogene Analyse werden für die Johanniter-Unfall-Hilfe e.V. anhand der folgenden Arbeitsabläufe (Tabelle 2) Szenarien zusammengefasst. Mithilfe der Videodokumentation sind in der Tabelle zusätzlich Tätigkeiten und Information mit Zeitangaben dokumentiert. Anhand der Zeitangaben ist zum Beispiel zu sehen, dass nach der Eingabe einer Einsatzmeldung in der Leitstelle (Tabelle 2, erster Arbeitsablauf, Min 34.22) fast zwei Minuten vergehen, bis eine Einsatzkraft vor Ort die Einsatzinformationen erhält (Tabelle 2, erster Arbeitsablauf, Min 36.20 bzw. Min 36.45).

Tabelle 2 Ausschnitt der Auswertung der Videoaufzeichnung

Arbeits-abläufe	Ablauf
Dispo-nieren	[Min 34.22] Anzeige „Warten auf Einsatzmeldung" 2 Einsätze (Es sind zwei Einsätze [Einsatzmeldungen] an einem anderen Arbeitsplatz eingegeben worden, für die disponiert werden muss.) [Min 35.40] „Akkon 85/54 mit Einsatz von Akkon Berlin kommen." [Min 36.07] „Akkon 85/54 mit Einsatz von Akkon Berlin kommen." (Die Leitstelle versucht die Einheit Akkon 85/54 anzufunken, um ihr den Einsatz zu übergeben. „Akkon" ist die Bezeichnung für eine Einheit der Johanniter-Unfall-Hilfe e.V.) [Min 36.20] „Ein Einsatz für Sie. Geht zu Akkon 150. Karl-Marx-Allee vor Hausnummer 16. Einmal internistisch weiblich. Anfahrt über Mollstraße. Quittung kommen." [Min 36.41] „Alles richtig. 13.46 Ende" [Min 36.45] (Einheit wiederholt Teile der Durchsage. Leitstelle bestätigt)
Dispo-nieren	[Min 25.42] Warten auf Einsatzmeldung (Es wird ein Einsatz [Einsatzmeldung] an einem anderen Arbeitsplatz eingegeben, für den disponiert werden muss.) [Min 25.51] „Akkon 85/54 mit Einsatz von Akkon Berlin kommen" [Min 26.04] bis [Min 26:24] „Ein Einsatz für Sie. Bei der Station Akkon 250, bei der Station Akkon 250. Einmal ein Krankentransport. Männlich, Gesichtsverletzung chirurgisch. Das Ganze mit der JO Einsatznummer 15. Mit Quittung kommen." [Min 26.36] bis [Min 26.43] „Alles richtig. Bitte achten Sie auf die ausgewiesenen Zufahrtswege, bitte achten Sie auf die ausgewiesenen Zufahrtswege. 10.31 Uhr Ende"
Informa-tionsauf-nahme	[Min 38.20] Sprechwunsch (Einsatzkraft vor Ort möchte der Leitstelle etwas mitteilen. Leitstellensystem zeigt diesen „Sprechwunsch" an.) [Min 38.31] „89/33 mit Sprechwunsch kommen" [Min 38.55] „Akkon 89/33, sag mir mal die Straße und Hausnummer bitte …"

	[Min 42.13] Einsatzmeldung
	[Min 43.11] Alarmierung KTW A 85/33
	(KTW = Krankentransportwagen)
	[Min 43.53] Gesprächsende
Positionsübermittlung	[Min 22.50] Sprechwunsch 76/11
	(Einsatzkraft vor Ort möchte der Leitstelle etwas mitteilen. Leitstellensystem zeigt diesen „Sprechwunsch" an. 76/11 will einen neuen Standort.)
	[Min 23:45] „Brauchen neuen Standort, weil Ende Läufer passiert"
	Anweisung Leitstellenleiter neuer Standort „Potsdamer Platz"
	Einsatzkraft – Leitstand: Start mit Eingabe ins System [Min 24:23]
	Eingabe Funktagebuch [Min 24:23] bis [Min 24:43]
	[Min 24:43] Anfunken 76/11: „Akkon 76/11 von Akkon Berlin kommen"
	[Min 24:50] bis [Min 24:54] Reaktion 76/11
	[Min 24:54] „Ihr neuer Standort ist Potsdamer Platz, neuer Standort Potsdamer Platz, mit Quittung, kommen" bis [Min 24:59]
	[Min 25:00] bis [Min 25:05] Reaktion 76/11
	[Min 25:06] bis [Min 25:08] „10:29 Ende"
	(Das Gespräch wird um 10:29 Uhr von der Leitstelle beendet.)
	(Manuelle Positionseingabe in der Leitstelle.)
	[Min 25:00] Klick auf Standort aus der Einheitenliste
	Eingabe neuer Einsatzort „Potsdamer Platz"
	Zuordnung 76/11 zum Potsdamer Platz per Drag-und-Drop
	[Min 25:22] Speichern neuer Standorteingabe

2.3.2.3 Ausgewählte Szenarien der Johanniter-Unfall-Hilfe e.V.

Die folgenden Szenarien fassen die am häufigsten auftretenden Arbeitsprozesse bei den Johannitern auf. Sie dienen im Anschluss der Ausarbeitung der Anforderung zum neu entwickelten Leitstellensystem. Diese Szenarien betreffen, wie auch bei der auf die Polizei bezogenen Szenariobeschreibung, beide Benutzerrollen (Einsatzkraft in der Leitstelle und Einsatzkraft vor Ort). Ein Szenario wird sowohl von der Seite der Leitzentrale (*Szenario Leitstelle*) als auch aus der Sicht der im Einsatz befindlichen Einsatzkraft (*Szenario Mobil*) betrachtet. Ebenfalls analog sind die drei Szenarien *Einsatzauftragserstellung*, *Informationsempfang* und *Positionsänderung* zu beschreiben:

1) Die Leitstelle führt die Einsatzauftragserstellung aus (Szenario *Leitstand-Ein-satzauftragserstellung*). 2) Eine mobile Einsatzkraft nimmt einen Einsatzauftrag entgegen (Szenario *Leitstand – Informationsempfang*). 3) Der dritte häufig auftretende Ablauf in der Leitstelle ist die Übermittlung eines neuen Standortes für eine Einsatzkraft (Szenario *Leitstand-Positionsänderung*).

Bei den mobilen Rettungskräften vor Ort ergeben sich ebenfalls drei Einsatzabläufe. Hier gibt es zur Einsatzauftragserstellung in der Leitstelle die Auftragsentgegennahme eines Einsatzes (Szenario *Mobil – Informationsempfang*). Den Status ändern die mobilen Einsatzkräfte dann nach dem jeweiligen Vorgehen. Es gibt des Weiteren die Einsatzübermittlung an die Leitstelle von der mobilen Seite aus (Szenario *Mobil – Einsatzauftragserstellung*). Die neue Positionszuordnung seitens der Leitstelle muss dann auf der mobilen Seite entgegengenommen werden (Szenario *Mobil – Positionsänderung*). Nachfolgend wird die Lage beurteilt (derzeitiger Standort, neuer Standort, Weg zum neuen Standort) und der neue Standort wird angefahren.

Tabelle 3 Szenarien beider Benutzerrollen bei der Johanniter-Unfall-Hilfe e.V.

Szenarien in der Johanniter-Leitstelle	Szenarien bei den Johanniter-Einsatzkräften vor Ort
Einsatzauftragserstellung in der Leitstelle	mobile Einsatzauftragserstellung
Informationsempfang in der Leitstelle	mobiler Informationsempfang
Positionsänderung in der Leitstelle	mobile Positionsänderung

2.3.3 Fazit zu Hilfs- und Rettungsdiensten und deren Analyse

Das Leitstellensystem bei der Johanniter-Unfall-Hilfe e.V. weist Analogien mit dem Einsatzleitzentralensystem der Polizei Berlin auf. Dies ist an der Kommunikation, der Verwendung von Zahlencodes, der Einsatzbearbeitung sowie den Arbeitsabläufen zu erkennen. Es ist zudem klar ersichtlich, in welchen Punkten sich die neue Version des Leitstellensystems 2014 von der alten Version bei den Johannitern und vom polizeilichen System abhebt. Zuvor funktionierte die Leitstellensoftware der Johanniter genau wie die der Polizei-Leitstelle noch gänzlich ohne GPS-Verortung und ohne eine Kartenansicht mit den Einsatzfahrzeugen. Die seit

2014 eingesetzte Version, die bei der Analyse in der Leitstelle verwendet wurde, hat eine erste Form der Positionsübermittlung integriert und die Nutzerinnen und Nutzer können auf der Karte vereinzelt u. a. Einsatzfahrzeuge und -stationen sehen.

Dennoch arbeiten auch die Johanniter noch mit Informationen, die nicht digital im System hinterlegt sind. Die Analyse zeigt, dass aus dem *Einsatzbefehlsheft* (2.1 Kommunikationstechnik, Lageüberblick und Geokollaboration) Informationen entnommen werden, die nicht im Leitstellensystem vermerkt sind. Diese Informationen werden nur in gedruckter Form verteilt. Genauso ist die Kartierung anhand der Laternen (2.1 Kommunikationstechnik, Lageüberblick und Geokollaboration) nicht in der Leitstellensoftware hinterlegt. Die Befragung ergab, dass die Einsatzkräfte der Leitstelle eine zukünftige digitale Integration des Kartierungssystems als eine nützliche Unterstützung erachten.

Bei den beobachteten Arbeitsabläufen fällt auf, dass Objekte teils aufwendig und zeitintensiv auf der digitalen Karte gesucht werden, um ihre Position zu bestimmen. Es besteht keine Verknüpfung zwischen den im System vermerkten Einsatzdaten und der dazugehörigen Einsatzposition auf der Karte. Die Analyse zeigt, dass die Einsatzkräfte ihre Positionen des Öfteren wechseln. Auch bei Großveranstaltungen werden im Laufe des jeweiligen Events die Standorte der vor Ort positionierten Einsatzwagen von der Leitstelle ausgehend geändert. Die Einsatzwagen und die Einsätze sind auf einer Karte mittels einer Verortung angezeigt. Diese Daten werden aber nicht zeitnah aktualisiert und enthalten mitunter Fehler. Solche Fehler treten auf, wenn eine mobile Einsatzkraft vergisst den Status über das Handfunkgerät zu ändern und die damit verknüpfte Aktualisierung der Positionsdaten auszulösen. Aktuelle und veraltete Positionsdatenübermittlungen sind in der Leitstelle nicht voneinander zu unterscheiden und eine nicht getätigte Übermittlung ist nicht zu erkennen, was zu Fehleinschätzungen führt.

Schließlich ist zu beachten: Bei den Hilfs- und Rettungsdiensten arbeiten Einsatzkräfte in verschiedenen Funktionen. Hierzu gehören zahlreiche freiwillige Helfer und Helferinnen, die häufig über keine so umfassende Ausbildung wie die anderen Einsatzkräfte verfügen. Diesen unterschiedlichen Wissensstand gilt es zu berücksichtigen, um auch den freiwilligen Helfern einen Zugriff auf das Leitstellensystem zu ermöglichen.

2.4   Zusammenfassung und Fazit

Der allgemeine Technikstand im Polizei-, Hilfs- und Rettungswesen und speziell die von den Einsatzkräften der Berliner Polizei und der Johanniter-Unfall-Hilfe e.V. in Berlin verwendete Technik wurden zusammengefasst. Weiterführend wurden Techniken außerhalb des Polizei-, Hilfs- und Rettungswesens betrachtet. Hierzu zählen insbesondere die georeferenzierten Systeme und neben den Handfunkgeräten auch alternative mobile Endgeräte.

Die Leitstellen der Berliner Polizei und der Johanniter-Unfall-Hilfe e.V. in Berlin sind stellvertretend für diese beiden Bereiche genauer untersucht worden. Die Ergebnisse der zuvor beschriebenen Analysen zeigen, dass die Behörden und Organisationen im Zuge ihrer Sicherheitsaufgaben zwar unterschiedliche Arbeiten ausführen, jedoch ähnliche bis gleiche Kommunikationsstrukturen und -techniken aufweisen. Zwei Benutzerrollen zeichneten sich ab: Zum einen gibt es die Einsatzkraft in der Leitstelle und zum anderen die mobile, vor Ort tätige Einsatzkraft.

2.4.1   Problemstellung der Informationsbetrachtung

Zusammenfassend kann festgestellt werden, dass die derzeitigen Handfunkgeräte bei der Polizei Berlin und bei der Johanniter-Unfall-Hilfe e.V. keinen Lageüberblick vermitteln können. Die fehlende Verortung aller Informationen auf den verwendeten Karten führt zu einer unzureichenden Darstellung und letztlich zu einem unzureichenden Lageüberblick. Die Möglichkeiten der *Informationsbetrachtung* sind nach den beschriebenen Fazits nicht ausreichend. Die Disponentinnen und Disponenten arbeiten mit Standortinformationen von Einsatzkräften aus vergangenen Einsatzmeldungen. Hierbei handelt es sich oftmals um veraltete Informationen, die betrachtet werden, und folglich muss der Standort per Sprechfunk neu erfragt werden.

Einsatzkräfte kennen nicht immer den Weg zum Einsatzort. In der Leitstelle wird der Weg derzeit auf einer Karte nachgesehen und per Sprechfunk übermittelt. Dies ist keineswegs ein effizienter Arbeitsablauf. Eine Karte oder sogar eine Navigation auf einem mobilen System vor Ort würde das Nachprüfen überflüssig machen und Fehlinformationen vermeiden.

2.4.2   Problemstellung des Informationsaustausches

In Kapitel „2.1 Kommunikationstechnik, Lageüberblick und Geokollaboration"
wurde aufgezeigt, dass die Informationsmeldung über Sprechfunk fehleranfällig
und zeitaufwendig ist. Der *Informationsaustausch* ist daher die zweite Problemstellung, die es zu erörtern gilt. Einsatzinformationen bei der Polizei Berlin und
bei der Johanniter-Unfall-Hilfe e.V. können nur über den Sprechfunk oder die Statuscodes der Handfunkgeräte übermittelt werden. Die Einsatzinformationseingabe
auf einem Handfunkgerät ist nicht möglich. Beide Analysen zeigen aber, dass oftmals die vor Ort tätige Einsatzkraft die eigentliche Informationsaufnahme leistet.

Zudem scheint es, dass die Kommunikation der Einsatzkräfte untereinander in
Einzelfällen hilfreich sein kann. Bislang funktioniert die Kommunikation jedoch
nahezu ausschließlich über die Leitstelle.

2.4.3   Zukunftsorientierte Leitstellensysteme

Für den mobilen Einsatz vor Ort oder stationär für die Leitstelle sind Konzepte
und Lösungsansätze für Leitstellensysteme auf dem Markt verfügbar. Diese Möglichkeiten werden aber von der Polizei Berlin und der Johanniter-Unfall-Hilfe e.V.
in Berlin nicht ausgeschöpft. So zeigte die Analyse auf, dass bei der Polizei Berlin
eine Differenz zwischen der firmenseitig angebotenen Lösung und den tatsächlich
eingesetzten Funktionen des Polizeileitstellensystems besteht.

Lösungen mit Geokollaborationssystemen sollten in den erfassten Szenarien funktionieren. Bei Kenntnisnahme des Stands der Technik lassen sich weitere Lösungsansätze für zukunftsorientierte und optimierte Leitstellen finden. Die Nach-
folgetechnik des BOS-Digitalfunks bietet zunehmend neue Funktionen und Möglichkeiten. Dazu zählt, dass die Verortung, die Lagedarstellung und das Routing
von Einheiten in Echtzeit zunehmen werden (vgl. Marks et al., 2013, S.18). Die
Geopositionsübermittlung ist hilfreich und eines der Ziele zukünftiger optimierter
Leitstellentechnologie (vgl. Kumpch & Luiz, 2011, S. 193). Die Einsatzleitrech-
ner könnten zukünftig durch die Optimierung der webbasierten Kommunikation
weitere Möglichkeiten zum Informationsaustausch erhalten (vgl. Schlechtriemen

et al., 2007, S.52). Unter dem Titel „Integrierte Leitstelle als Logistikzentrale" be-
nennen Kumpch und Luiz (2011, S.193) die Echtzeitinformationsverarbeitung, die
Statuskennung, die Geopositionsübermittlung, die Nächste-Fahrzeug-Strategie[4]
und das Visualisieren des Einsatzgeschehens als Hauptpunkte für eine Leitstellen-
technologie-Optimierung. Der erfasste Technikstand der Polizei Berlin und der
Johanniter-Unfall-Hilfe e.V. in Berlin unterscheidet sich von der beschriebenen
zukunftsorientierten Leitstellentechnologie. Die festgestellten Probleme sind auf
dieses Defizit zurückzuführen. Sowohl bei der Informationsbetrachtung als auch
beim Informationsaustausch gibt es einen entsprechend hohen Nachholbedarf.

2.4.4   Lösungsweg

Da die derzeitigen Systeme vor Ort und in der Leitstelle weder hinsichtlich der
Hardware noch der Software die nötigen Voraussetzungen für eine Verbesserung
der Zusammenarbeit zwischen Leitstelle und mobilen Kräften erfüllen, könnte nur
ein neu entwickeltes Gesamtsystem die Probleme der Informationsbetrachtung
und der Informationsübermittlung beseitigen. Zu dem Zweck wird nachfolgend
ein Lösungsweg bestehend aus drei Teilen beschrieben. Da zum einen der Lageüberblick verbessert und zum anderen der Informationsaustausch optimiert werden muss, wird der dritte Teil des Lösungsweges eine gebrauchstaugliche Nutzerinteraktion beinhalten.

Teil 1 des Lösungsweges: Verbesserung des Lageüberblicks

Bei Ankunft am Einsatzort greifen die Einsatzkräfte auf ihre Kenntnisse der Umgebung und auf die über den Sprechfunk empfangenden Informationen der Leitstelle zurück. Der Lageüberblick wird um zusätzliche Informationen im neu entwickelten System ergänzt. Die Einsätze sind nach standardisierten Vorgaben abzuarbeiten. Hierbei wird das Potenzial einer erweiterten Computerunterstützung
genutzt. Die interaktive Unterstützungsmöglichkeit durch die Übertragung von relevanten Metadaten, wie Ort und Zeit, nach Ludwig et al. (2013, S.319-320) wird
konzeptuell aufgegriffen. Den Ortsbezug haben die Informationen derzeit nicht,

---

[4] Algorithmen zur Identifizierung des räumlich nächsten und am besten geeigneten Fahrzeuges.

wie die Analysen zur Polizei und den Johannitern zeigen. Die Einsatzinformationen, die Lenz (2000, S.73) im oben erwähnten Rückmeldeinstrument zusammengefasst hat, lassen sich in das neue System einbauen und können dort die Daten-
grundlage bilden. GPS-geortete Einheiten in Kombination mit der Alarm- und
Ausrückordnung (AAO) werde eine effektivere Disposition bewirken. Das AAO-
System und auch das Funkmeldesystem (FMS) gilt es im neuen System zu integrieren. Eine automatisierte GPS-Übertragung wird zeitnahe, verlässliche Daten
liefern.

Teil 2 des Lösungsweges: optimierter Informationsaustausch

Die Informationseingabe einer mobilen Einsatzkraft wird das konventionelle Verfahren der zentralen leitstellenorientierten Disposition ergänzen. Vor dem Hinter-
grund des zeitlichen Gesprächsablaufs zwischen der mobilen Einsatzkraft und der
Leitstelle, wie ihn Schmiedel und Behrendt (2011, S.39) darstellen, ist eine Informationsaufnahme mit Smartphones in Betracht zu ziehen. Die Sprechfunkkommunikation wird weniger, bleibt aber als Wahlmöglichkeit bestehen.

Die Ansicht, dass die Verständigung zwischen den mobilen Einsatzkräften und
den Leitstellen über Funkgeräte zu lange dauert, wird auch in der Studie von Ludwig et al. (2013, S.318) berichtet. Darüber hinaus konstatieren Messelken et al.
(2011, S.134), dass ohne den digitalen Datenaustausch die Qualität der rettungsdienstlichen Versorgung leidet. Notfallsituationen mit einem erhöhten Datenum-
fang können in der Leitstelle nicht zeitnah abgearbeitet werden. Dies bewirkt einen
Rückstau an Informationen und die mobilen Einsatzkräfte müssen im ungünstigs-
ten Fall auf die Information der Leitstelle warten. Mobile Einsatzkräfte sollen daher Einsatzinformationen über das neue mobile System aufnehmen können, anstatt
diese zunächst den Einsatzkräften der Leitstelle verbal zu übermitteln. Dies wird
die Leitstelle entlasten und Übermittlungsfehler reduzieren.

Teil 3 des Lösungsweges: intuitive Nutzerinteraktion

Bei den zuvor beschriebenen Szenarien ist ein hoher Koordinationsaufwand festzustellen. Der Lageüberblick basiert auf einer großen Informationsmenge, sodass
großformatige Displays in der Leitstelle von Vorteil sind. Die Einsatzinformationen können nicht weiterhin als Formblätter auf der Nutzeroberfläche angezeigt

werden, dies widerspricht der angestrebten Verortung aller Informationen auf einer Karte. Die Bedienung mit Tastatur und Maus wird mit der vorgestellten Lösung durch eine Bedienung auf Touch-Displays ersetzt.

Dass die Lagebeurteilung eine kollaborative Aufgabe ist (vgl. Ludwig et al., 2013, S.318), wurde im Kapitel „2.1.3 Geoposition und Geokollaboration" (S.11) schon festgestellt. Deshalb wird ein System entwickelt, das in der Leitstelle von mehreren Personen gemeinsam benutzt werden kann. Die Zusammenarbeit mehrerer Personen an einem Interface erfordert die parallele Verarbeitung von mehreren Interaktionen. Multi-Touch-Displays, die diese Funktion im Gegensatz zu Single-Touch-Displays bieten, sind deshalb zu evaluieren und zu spezifizieren.

Um den Lageüberblick den vor Ort tätigen Einsatzkräften bereitzustellen und die Informationseingabe zu ermöglichen, werden mobile Endgeräte wie Smartphones benötigt, deren Funktionen über das Spektrum eines Handfunkgeräts hinausgehen. Mobile Endgeräte mit Displays, die Kartenmaterial anzeigen können, sind unumgänglich für den Lösungsweg. Außerdem sind GPS-Sensoren in den Endgeräten notwendig. Mit sogenannten Natural User Interfaces ist die Bedienung des Systems stärker intuitiv und nutzerfreundlicher. Deshalb werden in Kapitel 3 Natural User Interfaces (NUI) und Usability (S.41) Smartphones für den Einsatz analysiert und spezifiziert.

2.4.5 Szenarien mit dem Lösungsweg

Im Folgenden wird auf die Szenarien 2.2.2.3 Ausgewählte Szenarien der Polizei (S.22) und 2.3.2.3 Ausgewählte Szenarien der Johanniter-UH e.V. (S.32) zurückgegriffen. Die Szenarien werden um jene Funktionen ergänzt, die im Lösungsweg beschrieben sind (Tabelle 3). Die Szenarien beziehen sich auf die beiden Benutzerrollen der Leitstelle (drei *Szenarien in der Leitstelle*) und der mobilen Einsatzkraft vor Ort (drei *mobile Szenarien*). Die Aufgaben in den Szenarien müssen mit der angestrebten Lösung weiterhin durchführbar sein. Zusätzlich sollen die drei Teile des Lösungsweges die Durchführung der Aufgaben in den Szenarien optimieren. Die grundlegenden Funktionen für das *NEL* unter Anwendung des Lösungsweges sind nachfolgend festgehalten.

Tabelle 4 Funktionen der neu zu entwickelnden Systeme
(drei stationäre Szenarien [„Leitstand"], drei mobile Szenarien [„Mobil"])

Szenarien	Funktionen der neu zu entwickelnden Systeme
Einsatzauftragserstellung in der Leitstelle	1. Einsatzauftrag erstellen 2. Lageüberblick beurteilen (alle Einsatzaufträge und Einheiten auf einer Karte anzeigen) 3. Einsatztyp und Einheit dem Einsatzauftrag zuordnen 4. Einsatzauftrag versenden
Mobile *Einsatzauftragserstellung*	1. Einsatzauftrag am mobilen Endgerät erstellen 2. Lageüberblick beurteilen 3. Einsatztyp und Einheit zuordnen 4. Einsatzauftrag versenden
Informationsempfang in der Leitstelle	1. Von der Einsatzkraft vor Ort erstellten Einsatzauftrag entgegennehmen 2. Einsatzauftrag bearbeiten (Einsatztyp und Einheit zuordnen) 3. Einsatzauftrag bestätigen
Mobiler *Informationsempfang*	1. Von der Leitstelle erstellten Einsatzauftrag entgegennehmen 2. Einsatzauftrag auf der Karte finden 3. Quittung beim Erhalt der Nachricht 4. Funkmeldestatus ändern
Positionsänderung in der Leitstelle	1. Lageüberblick beurteilen 2. Neue Einsatzposition für eine Einheit bestimmen 3. Auflistung aller Einsatzkräfte und Einsätze in Listen 4. Neue Einsatzposition der ausgewählten Einheit an die Einheit verschicken
Mobile *Positionsänderung*	1. Neue Einsatzposition entgegennehmen 2. Quittung beim Erhalt der Nachricht 3. Lagebeurteilung

3   Natural User Interfaces (NUI) und Usability

Menschen benutzen Gesten, um mit der Umwelt zu interagieren und zu kommunizieren. Obwohl viel über Gesten-Schnittstellen geschrieben wird, lässt die Schnittstellentechnologie selten diese Form der Interaktion zu. Folglich fehlt es bei den meisten Benutzerschnittstellen an Ausdruckskraft und Natürlichkeit. Die Körperhaltung und das Fingerzeigen sind eine natürliche Modalität für die Mensch-Maschine-Interaktion. (vgl. Wachs, Kölsch, Stern, & Edan, 2011, S.62)

Der Begriff „natürlich" umfasst die Möglichkeit der Bedienung eines Computers mit üblichen Gesten und minimal invasiven Geräten (vgl. Hutchison et al., 2014, S.94). Bei Touch-fähigen Geräten wird vorzugsweise ein Wischen oder Tippen auf der Bedienoberfläche eingesetzt.

Eine natürliche Art der Interaktion mit dem System soll zu einer optimierten und angenehmeren Bedienung für die Nutzerinnen und die Nutzer führen. Gesten können durch berührungssensitive Displays oder auch mittels kamerabasierter Erkennung vom System verarbeitet werden. Natural User Interfaces sollen dabei helfen, die Endgeräte im Einsatzgeschehen der Leitstelle und vor Ort gebrauchstauglich zu machen. Die Gebrauchstauglichkeit oder Usability bezeichnet Nielsen als ein Attribut zur Messung der Qualität der Benutzerschnittstelle einer (Anwendungs-) Software (vgl. Böttcher & Nüttgens, 2013 zit. nach Nielsen, 1993, S.17).

Die folgenden Kapitel befassen sich speziell mit Multi-User- und Multi-Touch-Systemen sowie mit Interfaces von Multi-Touch-Systemen und mobilen Geräten, die in den genannten Einsatzszenarien eingesetzt werden sollen. Doch zunächst sind die Natural User Interfaces im Allgemeinen zu spezifizieren.

Bei der Gestaltung von Gesten-Schnittstellen sollten die folgenden Grundsätze des *Interaction Design* beachtet werden. Hierzu zählt die Erkennbarkeit einer Geste,

© Springer Fachmedien Wiesbaden GmbH, ein Teil von Springer Nature 2018
M. Gebler, *Georeferenziertes Disponieren mit nutzerfreundlichen, mobilen und stationären Multi-Touch-Systemen*, https://doi.org/10.1007/978-3-658-21879-9_3

das Feedback an die Nutzerin bzw. den Nutzer bei oder nach der Gestendurchführung und die Konsistenz (Einhaltung festgelegter Standards).

Die technische Grenze des Single-Touch liegt darin, dass parallele Berührungen auf einem Display nicht erkannt werden. Dies schränkt die Nutzerin bzw. den Nutzer beispielsweise bei Zoom-Gesten ein. Multi-Touch-Displays bieten ein größeres Spektrum an Gesten. Die Komplexität erfasster Gesten ist bei den Touch-Displays und der Software zur Gestenerkennung unterschiedlich. Werden komplexere Gesten erkannt, zum Beispiel das Umkreisen eines Objektes zum Auswählen, kann auch hier eine natürlichere Interaktion angeboten werden.

Weitere Maßstäbe eines Natural User Interface sind die Bedeutung der „Undo"-Funktion, die Auffindbarkeit, sodass jede Operation durch systematisches Durchsuchen entdeckt werden kann, die Skalierbarkeit, die die Interaktion auf allen Displaygrößen ermöglicht, und die Zuverlässigkeit. Letztere verlangt, dass zu jeder Zeit eine bestimmte Geste das gleiche Resultat nach sich zieht (vgl. Norman & Nielsen, 2010, S.46-47).

Kin, Agarwala und DeRose (2009) vergleichen Touch- und Mausinteraktionen. Demnach wird das Auswählen von Objekten auf der Bedienoberfläche in 83 % der Durchführungen durch die direkte Touch-Interaktion im Vergleich zur Durchführung mit der Maus verkürzt (vgl. Kin et al., 2009, S.1-4).

Aus einer Studie von Wobbrock, Morris und Wilson (2009) resultiert ein von Nutzerinnen und Nutzern definiertes Gestenset. Probandinnen und Probanden wiesen in dem Feldversuch 27 Kommandos selbst gewählte Gesten zu. Bei 25 von 27 Gesten bevorzugten die Probandinnen und Probanden Einhandgesten. Nach einem Bewertungsschema (1 = simple, 5 = complex) werden die Gesten bewertet. Die Gesten „Select single" (ein Element berühren, um es auszuwählen) und „Move a little/a lot" (ein Element berühren und bei anhaltender Berührung bewegen) werden mit 1.0 als die einfachsten identifiziert (vgl. Wobbrock et al. 2009, S.1086ff.).

Auch Frisch und Dachselt (2014) führten eine Studie durch, in der Probandinnen und Probanden Gesten für eine Vielzahl von Funktionen vorschlagen sollten. Die Gesten wurden in einhändige und bimanuale Interaktionen sowie Stift- und Hand-Interaktionen kategorisiert. Generell wurden Einhand- und Stift-Interaktionen von den Probandinnen und Probanden bevorzugt eingesetzt. Ausnahmen gab es bei den Aufgaben, ein *Element zu skalieren* und ein *Element zu zoomen*. In 59 % der Fälle begannen die Teilnehmerinnen und Teilnehmer, mit einer Hand zu interagieren. Bimanuale Interaktionen nahmen einen Anteil von 12 % und Stift-/ Hand-Interaktionen einen Anteil von 29 % ein. (vgl. Frisch & Dachselt, 2013, S.96)

Nielsen, Störring, Moeslund und Granum (2004) legen für Gesten folgende notwendige Merkmale fest: Sie müssten „easy to perform and remember", „intuitive", „metaphorically and iconically logical towards functionality" sowie „ergonomic – not physically stressing when used often" sein (Nielsen et al., 2004, S.411). Die eingesetzten Gesten für das zu entwickelnde System in der Leitstelle und für das System der Einsatzkraft vor Ort unterliegen diesen Anforderungen. Gerade bei zeitkritischen Handlungen muss eine Geste intuitiv sein und es darf keine Zeit kosten, sich an die jeweilige Interaktion zu erinnern.

Viele komplexe Systeme bieten durch Natural User Interfaces und speziell mit einer Gestensteuerung mehr Spezifität und Genauigkeit für die gegebenen Funktionen an. Gleichzeitig sind die Multi-Touch-Interaktionen sehr vielfältig, was wiederum in vielen Anwendungsfeldern zu unterschiedlichen Interpretationen führt.

Eine Gestensteuerung unterscheidet sich nach Norman aber nicht von anderen Formen der Interaktion. Die gestengesteuerten Systeme folgen ebenfalls einem Regelkonzept als Interaktionsvorlage und benötigen gleichermaßen ein klares Modell für jede Interaktion (vgl. Norman, 2010, S.6). Bei der Auswahl von Interaktionsobjekten kann zusätzlich die Fehlerrate durch die Einhaltung bestimmter Gestaltungsrichtlinien, wie die Größe der Interaktionselemente, minimiert werden (vgl. Sears & Shneiderman, 1991, S.607).

Allerdings lässt sich nicht jede Software auf eine Gestensteuerung umstellen. Mit der Einführung von Smartphones wurden ebenfalls die Bedienkonzepte neu entwickelt, da diese nicht einfach von den Desktopapplikationen übernommen werden konnten. Bei der Smartphone-Bedienung gibt es bislang die Grundgesten Tap, Double-Tap, Tap-And-Hold, Touch-And-Drag (Drag-Flick), Pinch (Zoom-In) und Spread (Zoom-Out).

Wimmer, Schlegel, Lohmann und Raschke (2014) zeigen in einer Nutzerstudie, dass die Bedienung mit dem Finger, beruhend auf den derzeit üblichen *User-Interface-Elementen* (UI-Elementen) selbst am Desktop problematisch ist. Touch-Bedienungen brauchen größere User-Interface-Elemente. Die Untersuchungen von Wimmer et al. (2014) verdeutlichen aber zugleich, dass starke Vergrößerungen der Steuerelemente zulasten der Orientierung und Übersicht gehen (vgl. Wimmer et al. 2013, S.234). Bei Smartphones zwingen die kleineren Displays dazu, neue Bedienkonzepte zu entwickeln. So wird auch bei einer Leitstellensoftware ein neues Bedienkonzept entwickelt werden müssen, um die Vorteile der Natural User Interfaces zu nutzen.

Ein Natural User Interface setzt des Weiteren voraus, dass es für die Nutzerin und den Nutzer möglichst leicht ist, sich daran zu erinnern, wie bestimmte Funktionen bedient werden (vgl. Norman, 2010, S.6). Umsetzungen von Gesten für Multi-Touch sind sehr komplex und zeitaufwendig (vgl. Kammer, 2013, S.47). Schlegel (2014) weist auf die Mehrdeutigkeit bei der Bedienung hin (vgl. Schlegel, 2013, S.3). Mehrdeutigkeiten gibt es unter anderem bei der Länge einer Berührung für Multi-Touch-Displays („touch-only"[5] und „touch-and-pointing"[6]) (Schick, Campe, Ijsselmuiden, & Stiefelhagen, 2009, S.6f.). Um Mehrdeutigkeit entgegenzuwirken, verlangt der Gebrauch von Multi-Touch-Gesten nach einer geeigneten Nutzerunterstützung. Dazu zählen eine lernförderliche Bereitstellung von Hilfen und Tutorials (Kammer, 2013, S.53).

Allerdings gibt es bei vielen Gesten Vorlieben bei der Nutzung, die das Problem der Mehrdeutigkeit minimieren. Bei der Skalierung und der Rotation von Objekten auf großen Interaktionsflächen ist dies der Fall. Skalierungen sind vorzugsweise mit Multi-Touch durchzuführen, Rotationen hingegen bevorzugt mit einer Single-Touch-Geste (vgl. Ijsselmuiden, Körner, Schick, & Stiefelhagen, 2010, S.14). In

---

[5]　　„Touch-only" bezeichnet das kurze Berühren/Antippen der Bedienoberfläche, meistens zum Auswählen eines Objektes oder Auslösen einer Funktion.

[6]　　„Touch-and-pointing" bezeichnet die Berührung der Bedienoberfläche sowie das Verweilen/Halten der Berührung, was oftmals neben der Auswahl die Verschiebung eines Objektes einleitet.

einem Test zur intuitiven Auswahl von Gesten anhand einer *Powerwall-Visualisierung*[7] wurde in sechs von sieben Aufgaben auf die gleiche Geste zurückgegriffen (vgl. Ploner, 2012, S.145).

Zwischenfazit zu den Natural User Interfaces

Bei der Entwicklung einer Multi-Touch-Anwendung sind also insbesondere die Mehrdeutigkeit von Gesten, die Elementgrößen und die richtige Auswahl einer Geste hinsichtlich des Single- oder Multi-Touch zu beachten.

Sowohl in der Leitstelle als auch vor Ort im Einsatzgeschehen kann eine optimierte Systeminteraktion Eingabefehler minimieren. Nochmals zum Vergleich: Die derzeitigen Eingaben werden direkt über die Computertastatur oder anhand des Stammdatensatzes des Leitstellenprogramms über Zahlen- oder Buchstabencodes eingegeben (vgl. Maaz, 2004, S.11). Vorliegende Studien zeigen eine eindeutige Geschwindigkeitsoptimierung bei Touch-Bedienung anstelle von Maus-Bedienung. Eine gestenbasierte Bedienung bringt nicht automatisch eine nutzerfreundliche Schnittstelle hervor. Es gilt hierbei die erwähnten Gestaltungsrichtlinien des *Interaction Design* zu beachten.

Es sollte nicht auf die derzeitige Software aufgesetzt oder lediglich deren Oberflächendesign angepasst werden. Bereits erprobte Gestensets für Natural User Interfaces wie die zuvor vorgestellten werden bei der Konzeption und Umsetzung helfen. Es wird ein individuelles Bedienkonzept sowohl für den Anwendungsfall in der Leitstelle als auch den mobilen Anwendungsfall vor Ort nötig sein. Das mobile NEL kann hier auf das deutlich klarer strukturierte Gestenset der Smartphones aufsetzen. Das stationäre NEL muss die Schwierigkeiten der Mehrdeutigkeit von Gesten überwinden und die umfangreichere Komplexität der Gesten bewältigen.

---

[7]   Gestengesteuertes System mit einem an der Wand befestigten überdurchschnittlich großen Display

3.1   Multi-User- und Multi-Touch-Systeme und -Interfaces

Ein Multi-Touch-System bietet die parallele Erkennung von mehreren Berührungspunkten. Zudem kann eine fortlaufende Berührung beispielsweise auch einem Finger zugeordnet werden. Diese beiden Kriterien sind ausschlaggebend dafür, ob mehrere Nutzerinnen und Nutzer (Multi-User) gleichzeitig an einer Schnittstelle arbeiten können. Ein System kann als ein *Single-* oder als ein *Multi-User-System* aufgebaut werden. Ein Multi-Touch-System erfüllt hinsichtlich der Größe des Displays ebenfalls die notwendige Voraussetzung für ein *Multi-User-Szenario* und lässt somit auch in der Hinsicht die Zusammenarbeit von mehreren Akteurinnen und Akteure an einer Nutzerschnittstelle zu. Mehrere Akteurinnen und Akteure können gemeinsam mit einem Multi-User-System die anstehenden Aufträge den zur Verfügung stehenden Ressourcen zuordnen (vgl. Löffler, 2013, S.1).

Die Karte des zu entwickelnden Systems kann auf erprobte Gesten zurückgreifen. Die Kartenbearbeitung zählt zu den klassischen Anwendungsfällen von Multi-Touch-Systemen (vgl. Franke, 2013, S.278-280). Die Organisation und Durchführung von Großveranstaltungen ist ein weiterer Anwendungsfall. Ein solcher Anwendungsfall visualisiert gesammelte Informationen auf einer Karte (vgl. Zibuschka, Laufs, & Engelbach, 2011, S.2ff. und Laufs, Zibuschka, Roßnagel, & Engelbach, 2011, S.2ff.). „Akteure erhalten so eine integrierte Sicht auf die Beiträge der verschiedenen[,] an der Großveranstaltungsdurchführung beteiligten Organisationen" (Zibuschka et al., 2011), S.5). Das Platzieren von Informationen auf einer Karte ist daher für den Lösungsweg vorstellbar.

Der „SmartControlRoom" ist ein Framework für die Entwicklung eines multimodalen Multi-user-Arbeitsplatzes (vgl. van de Camp, Florian, & Stiefelhagen, 2013, S.1). Dieses Framework bietet durch die Implementierung auf diversen Systemen mit unterschiedlichen Nutzerschnittstellen eine Vielfalt an Interaktionsmöglichkeiten. Während der Anwendungsentwicklung des Leitstellensystems bedarf es keiner Festlegung auf ein spezielles Endgerät. Als Anforderung wird daher nicht explizit ein Multi-Touch-Tisch aufgenommen. Es wird ein System angestrebt, welches auf verschiedenen Multi-Touch-Modulen lauffähig sein soll.

Für die Interaktion auf großen Displays – und insbesondere zwischen mehreren Personen an einem Display – sind verschiebbare UI-Elemente nötig. Menü-Elemente müssen an der Stelle der Interaktionsfläche bereitgestellt werden, an welcher die Nutzerin oder der Nutzer gerade arbeitet. Bei bestimmten Multi-Touch-Systemen kann die Orientierung von *User-Interface-Elementen* (UI-Elementen) wie Menüs oder Bildelementen manipuliert werden. Erkennt das System eine Hand schon vor der Berührung der Systemoberfläche, kann das UI-Element vor der Berührung auf die Nutzerin bzw. den Nutzer hin ausgerichtet werden (genannt: *frustrated total internal reflection*[8] (FTIR), Beispiel: (Han, 2005), S.1-4). Diese Technik ermöglicht es auch, parallele Eingaben von mehreren Nutzerinnen bzw. Nutzern an einem System zu unterscheiden (vgl. Phleps & Block, 2011, S.6). In der Leitstelle werden immer wieder Absprachen bei der Lagebeurteilung unter den Einsatzkräften getätigt. Eine Zusammenarbeit an einer Nutzerschnittstelle durch diese Technik zu fördern, erscheint daher ratsam.

Es gibt Gestaltungs- und Bedienlösungen für Menüstrukturen, die Menüelemente am Interaktionspunkt radial anordnen. Diese werden auch *Pie Menu, Wave Menu* (vgl. Bailly, Lecolinet, & Nigay, 2007) oder *Marking Menus* (vgl. Mentler, Kutschke, Kindsmüller, & Herczeg, 2013) genannt (Abbildung 10a). Nach Mentler et al. (2013) sind *Marking Menus* als Gestaltungslösung zur Datenauswahl und Navigation im sicherheitskritischen Rettungsdienst zu wählen (vgl. Mentler et al., 2013, S.1587). Die klassische Tastatur kann durch diese Menüstrukturen ersetzt werden. Infolge der radialen Anordnung entstehen eigene Gestenformen für die Auswahl von Buchstaben (vgl. Quikwriting: Continuous Stylus-based Text Entry, in Perlin, 1998, S.1f.). Das „FlowMenu" von Guimbretière und Winograd (2000) versucht zusätzlich, die Parametereingabe, also Texteingaben, und die Auswahlelemente (Abbildung 10b) sowie die Auswahl von Schriftgrößen zusammenzuführen (vgl. Guimbretière & Winograd, 2000, S. 213).

---

[8]   „Frustrated total internal reflection" (FTIR) ist eine Technik für berührungsempfindliche Abtasteinrichtungen, basierend auf Lichtstreuung und Lichtreflexionen. Anteile der totalen Lichtreflexion werden verhindert, d. h. ein Teil des Lichts wird nicht reflektiert, weswegen von einer „frustrated reflection" gesprochen wird.

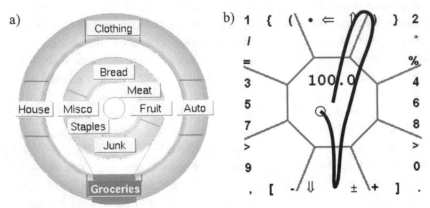

Abbildung 10a und 10b: a) Wave Menu und b) Flow Menu,
Quelle: a) (Bailly et al., 2007), S.476 und b) (Guimbretière & Winograd, 2000), S.214

Das Aufrufen von UI-Elementen ließe sich bei bestimmten Displays zusätzlich durch *Tracking-Marker* umsetzen. *Tracking-Marker* sind haptisch greifbare Elemente, die beim Ablegen auf dem Display anhand eines ID-Codes auf der Unterseite vom System identifiziert werden. In Abbildung 10 wird, ähnlich der Berührungserkennung von Finger oder Hand, mithilfe der *Tracking-Marker* eine Interaktion erkannt und das darunterliegende UI-Element zur Nutzerin bzw. zum Nutzer hin ausgerichtet.

Abbildung 11 Übertragung der Tracking-Marker-Informationen

Ein Multi-Touch-Tisch von Fischermanns soll mit greifbaren Bausteinen Modellierungen von Arbeitsabläufen vereinfachen (vgl. Fischermanns, 2008, S.1f.). Diese Bausteine sind parametrisierbare Servicebausteine, Tracking-Markern ähnlich, mit denen Mitarbeiterinnen und Mitarbeiter visualisierte Arbeitsprozesse auf einem Multi-Touch-Tisch bearbeiten. Der Nachteil von herkömmlichen Tracking-Markern ist die Fixierung der digitalen Arbeitsfläche. Sobald ein Marker beispielsweise auf der digitalen Karte abgelegt wird, darf die Karte nicht bewegt werden, sonst verliert der Tracking-Marker den Ortsbezug auf der Karte.

Eine haptische Objektinteraktion mit Tracking-Markern bietet eine schnelle Informationseingabe, ähnlich wie für erfahrenere Nutzerin und Nutzer Abkürzungen von Vorteil sind (*Regel 2 Shortcuts* der „acht goldenen Regeln", vgl. Shneiderman, 2002). Jeder Tracking-Marker könnte einen Fahrzeugtyp oder einen Einsatztyp eines Einsatzszenarios darstellen, intuitiv auf der Arbeitsfläche platziert werden und gezielte Bearbeitungsschritte je Typ auslösen.

3.2   Interfaces mobiler Geräte

Für die vor Ort tätigen Einsatzkräfte ist ein mobiles Endgerät nötig, welches die GPS-Verortung, die Lagedarstellung und die Informationseingabe bewältigen kann. Durch die Verwendung im mobilen Geschehen vor Ort können lokale Entscheidungen zeitnah autonom getroffen, in das System eingegeben und die Ergebnisse können an die Leitstelle übermittelt werden (vgl. Pfliegl, 2011, S.4).

Hier sollte ebenfalls ein Natural User Interface eine gebrauchstaugliche Eingabe fördern. Doch ist die Frage, ob ein Smartphone in Rettungs- oder Polizeieinsätzen auch den Anforderungen nachkommen kann, die das derzeitige Handfunkgerät erfüllt. Die Übertragung des Einsatzstatus ist mit Smartphones möglich. Das derzeitige Handfunkgerät bei der Polizei Berlin und bei der Johanniter-Unfall-Hilfe e.V. kann keinen Lageüberblick darstellen. Eine Einsatzinformationseingabe ist auf einem Handfunkgerät ebenfalls nicht möglich.

Das Arbeiten mit Karten auf einem Smartphone wurde schon in zahlreichen Navigations-Apps getestet. Hier sind auch die die Gestensteuerung für Karten und die Kartendarstellung selbst umfangreich ausgearbeitet.

Durch die Verwendung eines mobilen Systems lassen sich beispielsweise Checklisten zum kontrollierten und sicheren Abarbeiten von Prozeduren nach Wucholt,

Krüger und Kern einbinden (vgl. Wucholt et al., 2011, S.1-8). Schulz, Lewandowski, Koch und Wietfeld (2009) haben gemeinsam mit der Feuerwehr eine nutzergerechte mobile Applikation (PDA[9]-Applikation) entwickelt, die potenzielle Gefahren in hohem Maße reduzieren soll. „Personen- und einsatzmittelgebundene Sensoren erfassen Daten aus der Einsatzumgebung, welche mittels geeigneter Kommunikationskonzepte in die unterschiedlichen Führungsebenen gebracht werden […]." (Schulz et al. 2009, S.1)

Der Mehrwert von mobilen Endgeräten wie Smartphones liegt nicht zuletzt im Informationszugang über eine mobile Datenverbindung begründet. Einsatzkräfte können mit einem mobilen Endgerät überall den Lageüberblick erhalten und diesen zugleich durch den GPS-Sensor im Endgerät mit Daten anreichern. In Fahrzeugen sollen sich zukünftig WLAN[10]-Schnittstellen integrieren lassen (vgl. Weyl, Graf, & Bouard, 2012, S.44). Dies ist notwendig, um Smartphones und Leitstellen über WLAN den Datenaustausch zu ermöglichen. Das Risiko eines möglichen Ausfalls der Funknetze bei einer Massenveranstaltung kann für die Einsatzkräfte umgangen werden.

Es hat einige Vorteile, das Smartphone am Handgelenk zu platzieren. Das Gerät ist dann griffbereit und beide Hände bleiben für anderweitige Interaktionen frei. General Dynamics Itronix GD300[11] ist ein Smartphone-System, das am Handgelenk (eines Soldaten) platziert wird. Bei der Bedienung wird nur eine Hand benötigt. Mögliche Nachteile könnte es bei der Bedienung medizinischer Geräte geben, bei denen das Smartphone am Handgelenk stört.

---

[9]   Personal Digital Assistant
[10]   Wireless Local Area Network
[11]   General Dynamics Itronix Canada Ltd.: GD300, http://www.gd-itronix.com/, Zugriff am
        10.3.2014

3.3   Usability

Die zuvor erwähnten Nutzerschnittstellen haben viele Vorteile. Sollen sie sich im Einsatzgeschehen bewähren, müssen allerdings bei der Entwicklung bestimmte Kriterien beachtet werden. Die *Human-Factor-Interface-Kriterien* beispielsweise umfassen nach Sarshar, Nunavath und Radianti (2015) die Reduzierung der Komplexität an Informationen und die Aufarbeitung der Prioritäten der Informationen. Des Weiteren sind die unterschiedlichen Akteurinnen und Akteure einer Anwendung zu beachten, um deren jeweilige Aufgabe individuell zu unterstützen. Dies wurde anhand von zwei Apps (*SmartRescue* und *GDACSmobile*[12]) für Hilfebedürftige und für im Einsatz befindliche Einsatzkräfte in einer Usability-Untersuchung herausgefunden (vgl. Sarshar et al., 2015, S.770).

In den verschiedenen Kontrollräumen einer Leitstelle fallen große Mengen an Datensätzen an. Nutzergerecht aufgearbeitete Daten und Alarmlisten werden schneller und einfacher erfasst, indem die Nutzerin und der Nutzer die Daten vor der Erfassung nach Prioritäten und Ereignistypen sortieren. Der kognitive Aufwand beim Erfassen lässt hiermit deutlich nach (vgl. Aslam & Saad, 2012, S.43-55). Durch die Verknüpfung von Informationen und deren Verortung auf einer Karte wird der Aufwand bei der Lagebetrachtung reduziert. Zudem kann es vorkommen, dass Anzeigeelemente bei großformatigen Displays nicht gleich erkannt werden, wenn sie sich im peripheren Bereich des Blickfelds der Nutzerin bzw. des Nutzers befinden. Bei kleineren Geräten besteht dieses Problem eher nicht, da sich der Inhalt stets im fovealen oder im parafovealen Blickfeld der Benutzerin bzw. des Benutzers befindet (vgl. Phleps & Block, 2011, S.5)

Nielsen und Budiu (2013) betonen, dass ein vertrautes Vokabular zu den bedeutendsten Usability-Kriterien zählt (vgl. Nielsen & Budiu, 2013, S.133). Die Beschriftungen des neu entwickelten Systems sollten sich daher an den bekannten Statusmeldungen und Codes orientieren. Die Erlernbarkeit des Gesamtsystems für die Benutzerin bzw. den Benutzer wird durch Konsistenz in der Gestaltung erleichtert (vgl. Fallahkhair, Pemberton, & Griffiths, 2005, S.5). Ein *Multiplattform-UI-Design* sollte sowohl auf großen Multi-Touch-Tischen als auch auf Smartpho-

---

[12]   Global Disaster Alert and Coordination System

nes Zusammengehörigkeit signalisieren und somit ein konstantes Verständnis vermitteln. Nielsen und Budiu (2013) sprechen von einem *transmedialen Design* für die Auslegung einer Anwendung auf unterschiedlichen Displayvarianten. Unter Beachtung der vier Kontinuitäten (visuelle, funktionale, datenorientierte, inhaltliche Kontinuität) sollten insbesondere die interaktiven Elemente auf den unterschiedlichen Displays gleich aussehen (vgl. Nielsen & Budiu, 2013, S.208).

Für die Umsetzung des *Interface Designs* hat Shneiderman (2002) acht goldene Regeln aufgestellt. Wenn Funktionen unter Anderem systemübergreifend implementiert werden, müssen diese auch in allen Systemen vorhanden sein, die gleiche Benennungen haben und gleichartig funktionieren (vgl. Shneiderman, 2002).

Für die Untersuchung des zu entwickelnden Systems ist es vorteilhaft, die tatsächlichen späteren Nutzerinnen und Nutzer als Probanden heranzuziehen (vgl. Sarodnick & Brau, 2010, S.237). Es sollten somit ausschließlich Einsatzkräfte an vorliegender Untersuchung teilnehmen. Schlussendlich sind die Systeme mit Usability-Fragebögen, wie dem *IsoMetrics* nach Willumeit et al. und dem *ISONORM 9241/10* nach Prümper et al. (2013), zu bewerten. Die Auswertung ist über die Durchschnittswerte aller Fragen oder auf Ebene der einzelnen ISO-Kriterien durchzuführen (vgl. Richter & Flückiger, 2013, S.92). Prümper (2000) klassifiziert den Fragebogen aufgrund des geringen Aufwandes und der einfachen Benutzung als in pragmatischer Hinsicht sehr vorteilhaftes Mittel (vgl. Jochen Prümper, 2000, S.3). Ein geringer Aufwand für Nutzertests im aktiven Einsatzgeschehen ist unabdingbar. In Anlehnung an die Vorgehensweisen bei Usability-Untersuchungen von Nielsen und Budiu (2013) sind traditionelle Untersuchungen unter der Anwendung des *think-aloud protocols* geeignet (vgl. Nielsen & Budiu, 2013, S.23). Gemeinsam mit der Nutzerin bzw. dem Nutzer können gezielt Nachfragen mithilfe des Videomaterials geklärt werden (vgl. Someren, Maarten W. van, Barnard, & Sandberg, 1994, S.21). Laut Sarodnick und Henning führt eine anschließende Befragung zur Kenntnis der subjektiven Einschätzung der Probandinnen und Probanden und es können Verbesserungsvorschläge dokumentiert werden (vgl. Sarodnick & Brau, 2010, S.169).

3.4   Erwartete Verbesserungen durch die NUI

Für die Umsetzung des dreiteiligen Lösungsweges scheinen Smartphones zur Unterstützung der mobilen Einsatzkräfte vor Ort und Multi-Touch-Tische als stationäre Endgeräte in der Leitstelle sehr geeignet. Wie nachfolgend beschrieben kann die Umsetzung des Lösungsweges mit diesen Endgeräten durchgeführt werden. Um den Erfolg der Umsetzung zu überprüfen, werden die im Kapitel „3.3 Usability" erwähnten Methoden in einer Nutzerstudie angewandt. Die subjektive Einschätzung der Einsatzkräfte gibt Aufschluss über die Gebrauchstauglichkeit sowie die Beanspruchung bei der Systemnutzung.

3.4.1   Erwartete Verbesserung für den ersten Teil des Lösungswegs (Verbesserung Lageüberblick)

Die Kartennutzung ist nach Kammer (2013) eine klassische Lösung für Multi-Touch-Tische und sollte daher für die Visualisierung des Einsatzgeschehens in der Leitstelle geeignet sein (vgl. Kammer, 2013, S.53). Der Austausch von Informationen unter den Einsatzkräften und die Zusammenführung von Informationen, verortet auf einer digitalen Karte, werden die Lagebeurteilung verbessern. Das haben u.a. Betts et al. (2005) mit der mobilen Anwendung für Ersthelfergruppen bestätigt (Betts et al., 2005, S.6). Die Integration von Geoinformationstechnologie, wie von Kumpch und Luiz (2011) beschrieben, wird ebenfalls mit der Einführung der Smartphones ermöglicht (vgl. Kumpch & Luiz, 2011, S.193). Die Informationen sollten genauso auf Karten dargestellt werden, wie es in den Geokollaborationssystemen realisiert wird, sodass bei jeder Information die entsprechende Relation zum Ort erfasst werden kann.

3.4.2   Erwartete Verbesserung für den zweiten Teil des Lösungswegs (Optimierung des Informationsaustausches)

Zur Lösung des Problems beim Informationsaustausch werden fortan die Informationen mobil vor Ort eingegeben. Hierfür eignen sich ebenfalls Smartphones. Gleichzeitig können Smartphones die aktuelle Geokoordinate ermitteln und diese zu den eingegebenen Einsatzinformationen hinzufügen.

Die großformatigen Multi-Touch-Displays bieten genügend Platz, um Informationen zu visualisieren. Hierbei kann ein Multi-Touch-Tisch eingesetzt werden. Die Informationen werden zum Teil schon digital im System vorliegen, da die Einsatzinformationen über das Smartphone von der Einsatzkraft vor Ort eingegeben wurden. Mithilfe von Smartphones und eines Multi-Touch-Tisches wird die Multimodalität des *SmartRoomControls*-Konzeptes (vgl. van de Camp et al., 2013, S.1) aufgegriffen werden.

3.4.3   Erwartete Verbesserung für den dritten Teil des Lösungswegs (gebrauchstaugliche Nutzerinteraktion)

Beide Systeme, sowohl das Smartphone als auch der Multi-Touch-Tisch, bieten ein Natural User Interface. Der dritte Lösungsansatz mit der Integration von Multi-Touch-Displays wird auf Basis der schon bekannten Konzepte entwickelt. Schick et al. (2009) sowie Ijsselmuiden et al. (2010) haben damit begonnen, ein valides Gesten- und Interaktionskonzept für Multi-Touch-Szenarien zu begründen (vgl. Schick et al., 2009, S.6f. und vgl. Ijsselmuiden et al., 2010, S.14). Auf die bestehenden Konzepte im Umgang mit Gesten von Kammer (2014) sowie Frisch und Dachselt (2014) kann zurückgegriffen werden, um die Gesteninteraktion des Lösungsweges zu entwickeln (vgl. Kammer, 2013, S.47 und vgl. Frisch & Dachselt, 2013, S.96). Speziell für die kontextbezogenen Bearbeitungsschritte müssen neue Gesten- und Interaktionen ausgearbeitet werden. Zunächst ist eine Interaktion am Multi-Touch-Tisch ohne Tastatur geplant.

4   Anforderungen

Welche Anforderungen existieren derzeitig, die das neue System übernehmen muss, und welche Anforderungen kommen für den angestrebten Lösungsweg hinzu? Um diese Fragen zu beantworten, wird auf die identifizierten Szenarien zurückgegriffen. Die Szenarien fassen ähnliche Arbeitsabläufe zusammen. Es wurden für die Polizei und die Johanniter-Unfall-Hilfe e.V. die Szenarien *Einsatzauftragserstellung*, *Informationsempfang* und *Positionsänderung* entworfen (2.2.2.3 Ausgewählte Szenarien der Polizei, S.22 und 2.3.2.3 Ausgewählte Szenarien der Johanniter-Unfall-Hilfe e.V., S.32). Die Szenarien beziehen sich auf die beiden Benutzerrollen Leitstelle und mobile Einsatzkraft vor Ort.

Jeder Teil des Lösungsweges wird einem der identifizierten Szenarien zugeordnet. Wie die Aufgaben in diesen Szenarien derzeitig durchgeführt werden, wurde in den Analysen festgehalten. Diese Aufgaben sollen sich auch mit dem neu entwickelten System bearbeiten lassen. Es kann folglich verglichen werden, wie Aufgaben in einem Szenario mit dem derzeitigen System und wie sie mit dem neuen System erledigt werden. Schlussfolgernd können Aussagen über jeden der drei Teile des Lösungsweges separat getroffen werden.

Das Szenario *Positionsänderung* der Leitstelle und das Szenario *Positionsänderung* auf der mobilen Seite eignen sich, um den ersten Teil des Lösungswegs *(verbesserter Lageüberblick, Informationsbetrachtung)* anzuwenden. Die Erfassbarkeit der Positionsinformationen auf den Endgeräten sollte eine der ausschlaggebenden Eigenschaften bei der Lagebeurteilung sein. Deshalb wird dieser Teil des Lösungsweges auf dieses Szenario angewandt.

Die Szenarien *Einsatzerstellung* auf der mobilen Seite und *Informationsempfang* in der Leitstelle sind die geeigneten Szenarien für den optimierten Informationsaustausch des zweiten Teils des Lösungsweges.

© Springer Fachmedien Wiesbaden GmbH, ein Teil von Springer Nature 2018
M. Gebler, *Georeferenziertes Disponieren mit nutzerfreundlichen, mobilen und stationären Multi-Touch-Systemen*, https://doi.org/10.1007/978-3-658-21879-9_4

Die Szenarien *Einsatzauftragserstellung* in der Leitstelle und *Informationsempfang* auf der mobilen Seite werden insbesondere durch die gebrauchstauglichen Nutzerinteraktionen des dritten Teils des Lösungswegs (*gebrauchstaugliche Nutzerschnittstellen*) abgedeckt. Es kann überprüft werden, ob Natural User Interfaces auch diesen gängigen Ablauf verbessern können.

Ausgehend von den Szenarien der Polizei und der Johanniter-Unfall-Hilfe e.V. (Tabelle 5; Tabelle 4, jeweils linke Seite) werden in nötigen Aufgaben und Anforderungen des Lösungsweges aufgelistet (Tabelle 5, rechte Seite).

Tabelle 5 Aufgaben und Anforderungen des neu zu entwickelnden Systems
(drei stationäre Szenarien [„Leitstand"], drei mobile Szenarien [„Mobil"])

Szenarien	Aufgaben und Anforderungen
Leitstelle *Einsatzauftragserstellung*	**Aufgaben** 1. Einsatzauftrag erstellen 2. Lage beurteilen (alle Einsatzaufträge und Einheiten auf einer Karte anzeigen) 3. Einsatztyp und Einheit dem Einsatzauftrag zuordnen 4. Einsatzauftrag versenden
	Anwendung des Lösungsweges Teil 3 – „*gebrauchstaugliche Nutzerschnittstelle*" in diesem Szenario **Anforderungen** Einsatzaufträge müssen erstellt werden können. Der Einsatzauftrag kann mit einer ausgewählten Geokoordinate auf der Karte verknüpft werden. Die Position wird mittels einer Touch-Berührung bestimmt. Es müssen Einsatzinformationen eingegeben oder aus Einsatzmittellisten ausgewählt werden können. Der Einsatz wird an die zugeteilten Einsatzkräfte übermittelt. Die Elemente und insbesondere die Karte können mit Multi-Touch-Gesten bewegt werden.
Mobil *Einsatzauftragserstellung*	**Aufgaben** 1. Einsatzauftrag am mobilen Endgerät erstellen 2. Lage beurteilen 3. Einsatztyp und Einheit zuordnen 4. Einsatzauftrag versenden

	Anwendung des Lösungsweges Teil 2 – „optimierter Informationsaustausch" in diesem Szenario **Anforderungen** Einsatzinformationen werden nicht nur verbal weitergegeben, sondern müssen sich auch über die Smartphones an die Leitstelle übermitteln lassen. Die Geokoordinaten können erfasst werden. Der Einsatzauftrag muss mit der aktuellen oder einer ausgewählten Position auf der Karte erstellt werden können. Einsatzinformationen müssen eingegeben oder ausgewählt werden können. Der Einsatz soll nach der Dateneingabe automatisch übermittelt werden.
Leitstelle *Informationsempfang*	**Aufgaben** 1. Von der Einsatzkraft vor Ort erstellten Einsatzauftrag entgegennehmen 2. Einsatzauftrag bearbeiten (Einsatztyp und Einheit zuordnen) 3. Einsatzauftrag bestätigen
	Anwendung des Lösungsweges Teil 2 – „optimierter Informationsaustausch" in diesem Szenario **Anforderungen** Einsatzinformationen lassen sich nicht nur verbal, sondern als digitale Einsatzmeldung über die Smartphone an die Leitstelle übermitteln. Die Informationen der Person müssen angezeigt und auf der Karte verortet werden. Der Status des Einsatzes und der beteiligten Einsatzkräfte muss erkennbar sein.
Mobil *Informationsempfang*	**Aufgaben** 1. Von der Leitstelle erstellten Einsatzauftrag entgegennehmen 2. Einsatzauftrag auf der Karte betrachten 3. Quittung beim Erhalt der Nachricht 4. Funkmeldestatus ändern
	Anwendung des Lösungsweges Teil 3 – *„gebrauchstauglichen Nutzerschnittstellen"* in diesem Szenario **Anforderungen**

	Einsatzaufträge lassen sich auf dem Smartphone anzeigen. Einsatzinformationen können mit grafischen Zusatzinformationen eingesehen werden. Der Einsatzauftrag ist auf der Karte verortet. Die Statusmeldungen können mit Touch-Eingabe verändert werden. Die Richtungsanzeige (Kompass) wird bereitgestellt und soll beim Navigieren helfen. Die Elemente und insbesondere die Karte kann mittels Touch-Interaktionen bedient werden.
Leitstelle *Positions-änderung*	**Aufgaben** 1. Lage beurteilen 2. Neue Einsatzposition für eine Einheit bestimmen 3. Auflistung aller Einsatzkräfte und aller Einsätze 4. Neue Einsatzposition der ausgewählten Einheit an die Einheit verschicken
	Anwendung des Lösungsweges Teil 1 – *„verbesserter Lageüberblick, Informationsbetrachtung"* in diesem Szenario **Anforderungen** Der Lageüberblick wird um alle neuen verorteten Einsatzinformation erweitert. Eine neue Position für eine Einsatzkraft lässt sich auf der Karte bestimmen. Das Versenden dieser Position an die Einsatzkraft läuft automatisiert ab. Es werden keine sprachlich übermittelten Ortsangaben nötig sein.
Mobil *Positions-änderung*	**Aufgaben** 1. Neue Einsatzposition entgegennehmen 2. Quittung beim Erhalt der Nachricht 3. Lagebeurteilung
	Anwendung des Lösungsweges Teil 1 – *„verbesserter Lageüberblick, Informationsbetrachtung"* in diesem Szenario **Anforderungen** - Die Einsatzposition wird nicht per Sprechfunkkommunikation, sondern soll automatisiert und mit Geokoordinaten übergeben werden. Die Information über den neuen Standort, den es zu erreichen gilt, ist auf einer Karte mit allen weiteren verorteten Informationen ersichtlich. Für die Lagebeurteilung ist zusätzlich die eigene Position anzuzeigen und eine Orientierungshilfe zu geben.

Es wird ein nutzerfreundliches Einsatz-Leitstellensystems (NEL) konzipiert und implementiert. Dieses IT-System wird als Client-Server-Anwendung umgesetzt. Für das NEL wird geeignete Hardware ausgewählt und eine neue Software entwickelt. Es wird ein mobiler Client für das Einsatzgeschehen vor Ort und ein stationärer Client für die Leitstelle entwickelt. Die Produktfunktionen anhand der Anforderungen sind in Tabelle 6 den Clients zugeordnet. Es werden prototypisch Smartphones für den mobilen Bereich und ein großformatiger Multi-Touch-Tisch für den stationären Bereich eingesetzt, sodass auch von einem mobilen Smartphone-System *(mobiles NEL)* und einem stationären Leitstellensystem *(stationäres NEL)* gesprochen wird.

Tabelle 6 Anforderungen und Produktfunktionen für die Clients
Zuordnung nach mobilem und stationärem Client

Anforderungen	Produktfunktionen	Leit-stelle	mobil
1) Kartenbearbeitung	- Alle Einsätze und Einsatzauftragsmenüs auf der Karte anzeigen - Alle Informationen und Einheiten auf der Karte visualisieren - Bei Auswahl der Objekte über die Listen werden die Objekte auf der Karte hervorgehoben - Kartenansicht (Straße/Luftbild/Gebäudeplan)	✓	✓
2) Informationsanzeige	- Auflistung der Einsatzkräfte und Einsatzaufträge zusätzlich in Listen	✓	✓
3) Informationsmeldung	- Statusmeldungen jeder Einsatzkraft (FMS)	✓	✓
4) Einsatzerstellung	- Einsätze mit Positionsangabe können erstellt werden - Auswahl des Einsatztyps - Auswahl Einsatzkräfte, die dem Einsatz zugeordnet werden	✓	✓

		Leit-stelle	mobil
5) Datenübermittlung	- Übermittlung der Einsatzdaten	✓	✓
	- Senden des Einsatzstatus (FMS) - Senden der Positionsinforma-tion		✓
6) Login	- Login-Logout-Funktionen zur korrekten Zuordnung	✓	✓
7) NUI-Bedienung	- Touch-Funktionen für die Kar-tensteuerung	✓	✓
	- Touch-Funktionen für die UI-Elemente	✓	✓

Erweiterungen zu den Anforderungen		Leit-stelle	mobil
Anwendung von Algo-rithmen zur Dispositi-onsoptimierung	- Einsatzkräfte werden nach Qualifizierung, Entfernung, Be-reitschaft in den Listen katego-risiert	✓	✓
Fortgeschrittene Bedienung	- Test mit Tracking-Marker (nur am MTT)	✓	
Navigation zum Einsatzort	- Routenberechnung und -an-zeige		✓
Rückmeldungen	- Quittung beim Erhalt der Nach-richt	✓	✓
Weitere Informationsübermitt-lung	- Informationsmaterial zum Ein-satz - Senden von Freitext zur Leit-stelle (Tastatur-Alternativen) - „Personen"-Ortungsmessung (Anzeige von Personenströmen eines Events als Heatmap)	✓	✓
Point-/Area-of-Interest	- Grafisch können konkrete Orte und Flächen (POI) auf der Karte eingetragen werden	✓	✓

Architektur

Es muss eine Serveranwendung konzipiert und implementiert sowie der Kommunikationsservice zwischen den Clients und dem Server entwickelt werden. Softwareseitig ist ein flexibel designtes System zu entwerfen, welches für die mobilen und stationären Clients adaptierbar sein muss. Es gilt eine Anwendung zu entwickeln, die auf beliebigen Endgeräten lauffähig ist, sodass bei Bedarf zu einem späteren Zeitpunkt das jeweilige Endgerät ausgetauscht werden kann.

Synchronisation

Die Anwendungen müssen sich nahezu in Echtzeit mit den gespeicherten Einsatzdaten auf dem Server synchronisieren. Das System wird die Daten zentral auf dem Server ablegen und je nach Zugriffsrechten auch mobil zugänglich machen. Die Leitstelle ist somit nicht an einen zentralen Ort gebunden.

Datenpersistenz

Um eine Weiterarbeit bei einem Verbindungsausfall sicherzustellen, werden wichtige Informationen auf allen Client-Geräten abgelegt. Die Bearbeitung kann so auch ohne Serververbindung zunächst fortgesetzt werden. Die eingegebenen Daten müssen einer Person zugeordnet werden, sodass eine Benutzerverwaltung implementiert werden muss.

Konsistenz der Benutzeroberfläche

Das Design der Anwendungen soll auf allen Displays konsistent sein, um die Austauschbarkeit der Komponenten und der Einsatzkräfte beim Einsatz zu gewährleisten. Jede Einsatzkraft muss gleichermaßen an einem Smartphone und an einem Multi-Touch-Tisch arbeiten können. Die Bezeichnungen des neu entwickelten Systems orientieren sich an den bekannten Statusmeldungen und Codes. Mit vordefinierten Szenarien und durch die Einhaltung von Standards kann organisationsübergreifend disponiert werden und Informationen können innerhalb der verschiedenen Behörden und Organisationen ausgetauscht werden.

Redundanzen auf der Benutzeroberfläche

Die Zugänglichkeit zu einer Information sollte an das jeweilige Objekt auf der Karte gebunden sein. Redundante Visualisierungen, wie Listenansichten von Einsätzen, sollten nur als Verknüpfung zum Bearbeitungsort auf der Karte dienen.

Fehlertoleranz auf der Benutzeroberfläche

Die fehlerhafte Eingabe muss zeitnah rückgängig gemacht werden können. Es gilt präventiv eine Fehlbedienung zu reduzieren. Arbeitsaufgaben sollen mit einer klar strukturierten und selbsterklärenden Bedienabfolge durchgeführt werden können.

5 Konzeption

Das entwickelte *nutzerfreundliche Einsatz-Leitstellensystem* (NEL) ist als flexibel designtes informationstechnisches System konzipiert und nach einem Client-Server-Modell aufgebaut.

Das gesamte NEL besteht aus einer mobilen und einer stationären Ausführung, die über die Services in der Server-Anwendung miteinander kommunizieren (Abbildung 12). Prototypisch wurden zwei Client-Anwendungen und eine Server-Anwendung implementiert. Das sogenannte *stationäre NEL* ist ein Multi-Touch-Tisch-System mit einer der Client-Anwendungen. Das *mobile NEL* umfasst die andere Client-Anwendung als App auf einem Smartphone für den mobilen Einsatz vor Ort. Die Flexibilität des gesamten NELs bietet zukünftig eine Adaptierbarkeit von weiteren Client-Anwendungen auf anderen Endgeräten.

Abbildung 12 NEL Systemübersicht

5.1 NEL-Anwendungskonzept

Die Anwendungen des mobilen und des stationären NELs gleichen sich in ihren grundsätzlichen Produktfunktionen sehr. Dies liegt an den Anforderungen (Ta-

© Springer Fachmedien Wiesbaden GmbH, ein Teil von Springer Nature 2018
M. Gebler, *Georeferenziertes Disponieren mit nutzerfreundlichen, mobilen und stationären Multi-Touch-Systemen*, https://doi.org/10.1007/978-3-658-21879-9_5

belle 6, S.22) 1) *Karten-Funktion*, 2) *Informationsanzeige*, 3) *Informationsmel-dung*, 4) *Einsatzerstellung*, 5) *Datenübermittlung*, 6) *Login* und 7) *NUI-Bedie-nung*, die für beide Systemvarianten ausgearbeitet wurden.

Beim Start beider NEL-Anwendungen öffnet sich eine Login-Seite, die die Liste aller Einheiten und eine Passwortabfrage beinhaltet. Durch die Anmeldung (Lo-gin) wird eine Nutzerin bzw. ein Nutzer einem mobilen oder stationären NEL (Cli-ent-System) zugeordnet. Einheiten, beispielsweise bestehend aus mehreren Ein-satzkräften und mehreren mobilen-NELs, können sich gemeinsam unter einer re-gistrierten *Einheit* aus der Login-Liste anmelden, sodass alle Einsatzkräfte aus die-ser Einheit die gleichen Informationen und Einsatzaufträge erhalten. Gleiches gilt für die Leitstelle. Hierbei können sich wahlweise bei der Verwendung mehrerer stationärer NELs alle gleichermaßen unter der Benutzergruppe *Leitstelle* anmel-den, sodass alle stationären NELs die gleichen Informationen erhalten.

Szenario Einsatzerstellung

Für die Erstellung eines Einsatzauftrages an einem NEL wird auf der Karte die Position gewählt. Anschließend öffnet sich ein sogenanntes *Einsatzauftragsmenü*. Abarbeitungsprozesse können im Einsatzauftragsmenü zusammengefasst werden. Zum Beispiel wird mit insgesamt vier Berührungen der Systemoberfläche sowohl auf der Smartphone-Anwendung als auch auf der Multi-Touch-Tisch-Anwendung ein Einsatzauftrag mit der Zuteilung einer Einheit erstellt. Die zugeteilte Einheit im Einsatzauftragsmenü wird darauffolgend automatisiert benachrichtigt.

Szenario Informationsempfang

Mit beiden NEL-Varianten können Informationen und Informationsmeldungen er-fasst und visualisiert werden. Eine Informationsmeldung zeigt beispielsweise, dass ein neuer Einsatz auf einem anderen NEL erstellt wurde. Eine Informationsmel-dung kann auch gezielt nur ein spezielles NEL erreichen, und zwar genau jenes NEL der Nutzerin bzw. des Nutzers, die bzw. der in einem Einsatzauftrag dispo-niert wurde. Auf der Karte werden alle Informationen angezeigt und positioniert. Beim Positionieren werden die Informationen in Form von kleineren Informati-onssymbolen auf der Karte an der jeweiligen Position angezeigt.

Szenario Positionsänderung

Die Positionen der mobilen NELs werden an die Server-Anwendung übermittelt und stehen somit allen NELs zur Verfügung. Gleichzeitig kann an ein ausgewähltes NEL ein neuer Standort als Auftrag („Neuer Zielstandort") übermittelt werden, sodass sich folglich die mobile Einsatzkraft oder Einheit des ausgewählten NELs dort hinbegibt.

5.2   Stationäres NEL

Das stationäre NEL wird auf einem Multi-Touch-Tisch implementiert. Der *Samsung Sur40 with Pixelsense-Technology* bietet mit der 40 Zoll großen Benutzeroberfläche und der Multi-Touch-Fähigkeit die Voraussetzungen für ein Natural User Interface in der Leitstelle. Mit dem Login-Bereich kann die gewünschte Einheit oder ein expliziter Leitstellenarbeitsplatz ausgewählt werden (Abbildung 13, links). Die eingetragenen Daten orientieren sich im Folgenden an den Szenarien der Analyse der Johanniter-Unfall-Hilfe e.V. (Kapitel 2.3.2, S.27). Es sind alle Einheiten aufgelistet, die am Analysetag beteiligt waren. Zukünftig werden im stationären NEL nur die Einsatzkräfte der Leitstelle aufgelistet.

Abbildung 13 Login am Multi-Touch-Tisch

Die gesamte Bedienoberfläche der Multi-Touch-Tisch-Anwendung ist in Abbildung 14 zu sehen. Die Liste der Einsatzkräfte bzw. der Einheiten, mit den Statuscodes, werden auf der rechten Seite platziert. Auf der linken Seite sind alle aktuellen Einsatzaufträge aufgelistet. In Abbildung 14 sind zwei Einheiten auf der Karte verortet und ein Einsatzauftrag (ausgeklapptes Einsatzauftragsmenü, mittig) ist zu sehen. An der oberen Menüleiste mit den Systemnamen *NEL* sind zusätzlich eine Adresssuche angeordnet und ein Schalter (Button) zum Wechseln der Kartenansicht. Aktuell ist die Luftbildansicht in Abbildung 14 zu sehen.

Abbildung 14 Systemoberfläche am MTT mit einem geöffneten Einsatzauftragsmenü

5.2.1   Szenario Einsatzauftragserstellung

Bei der Multi-Touch-Tisch-Anwendung ist jedes Einsatzauftragsmenü (Abbildung 15) auf der Karte fixiert. Mit einem Einsatzauftragsmenü können Einsatzaufträge in das System eingetragen werden. Mit dem Fadenkreuz in der Mitte lässt sich die genaue Position zuordnen. Zum Erstellen eines Einsatzauftrages wird ein neues Menü durch ein *sequentielles Tapping* (5.2.4 Natural User Interface des stationären NELs, S.69) mit einem Finger initialisiert.

Die Umsetzungen der *Marking Menus* von Mentler et al. (2013) sowie das *Flow-Menu* von Guimbretière und Winograd (2000) sind konzeptuell in die Entwicklung eingegangen. Dabei werden die Menüelemente am Interaktionspunkt (Fadenkreuz) radial angeordnet, was zu einer nutzerfreundlichen Handhabung führen soll. Für den Prototyp dieses System sind zunächst nur die Informationen Einsatztyp (Abbildung 15, linke Menüelemente) und Einsatzgruppe (Abbildung 15, rechte Menüelemente) auszuwählen. Die Auswahl des Einsatztyps (links) kann über die Berührung eines Listenelements oder über die Vor-oder-Zurück-Schalter geschehen. Für die Einsatzgruppe (linke Menüelemente) können auch mehrere Einheiten aus der rechten Liste der linken Liste zugeordnet werden. Diese Einheiten werden nach dem Aktivieren des Einsatzes über den *Start-Schalter* (Abbildung 15, mittig) informiert. Sie werden somit zum Einsatz disponiert.

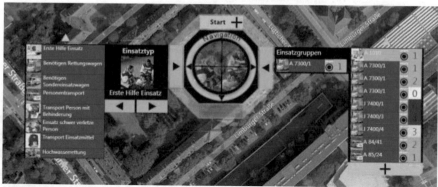

Abbildung 15 Bewegliches und radial angeordnetes Einsatzauftragsmenü

Die Menüstruktur (Abbildung 14 und Abbildung 15, mittig) ist beweglich. Jede Nutzerin und jeder Nutzer kann ein Auftragsmenü zum Bearbeiten eines Einsatzes an der gewünschten geografischen Position öffnen und die Informationen eingeben. Es ist möglich, mehrere Einsätze gleichzeitig zu bearbeiten und parallel zu betrachten. Wird die Karte verschoben, bewegen sich die Auftragsmenüs fixiert an ihrer geografischen Position mit. Damit die Einsatzauftragsmenüs nicht andere Informationen auf der Karte verdecken, ist es einklappbar, wie Abbildung 16 illustriert.

Abbildung 16 Zusammengeklapptes Einsatzauftragsmenü und Einheitenliste

5.2.2   Szenario Informationsempfang

Die Einsatzkräfte am Leitstand können mit dem Multi-Touch-Tisch-System auf Informationsmeldungen der mobilen Einsatzkräfte reagieren und weitere Schritte einleiten. In Abbildung 16 und in Abbildung 17 sind Ausschnitte der Einsatz-kräfte-/Einheitenliste zu sehen. Jedes Listenelement repräsentiert eine Einheit mit Einheitenbild, Einheitennummer, die auch die Funknummer (notwendige Num-mer zum Anfunken über die Handfunkgeräte) darstellt, sowie dem FMS-Status der Einheit. Weiterhin kann über eine Berührung des Icons *On-Map*, die Position der Einheit auf der Karte gezeigt werden. Bei deaktivierter Positionserkennung des Systems einer Einheit wird die Leitstelle informiert, indem das Icons *On-Map* grau hinterlegt und nicht farblich hervorgehoben ist (Abbildung 16, Tabelle 4. Zeile). Eingehende Einsatzaufträge werden in der Einsatzliste farblich hervorgehoben (Abbildung 17, Einsatztabelle linke Seite). Wird ein Element auf einer der Listen berührt, verschiebt sich das Zentrum der Karte zu der Position des Elements auf der Karte.

5.2.3   Szenario Positionszuordnung

In der Einsatzliste (Abbildung 12, links) ist neben einem Einsatzauftrag noch ein weiterer Auftrag *„Neuen Standort anfahren"* aufgelistet. Dies ist eine Positions-übermittlung, wenn die Leitstelle einer Einheit einen neuen Standort zuweist.

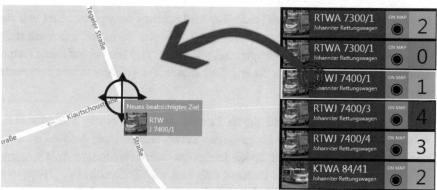

Abbildung 17 Positionszuordnung für eine Einheit aus der Einheitenliste
(Explizierte Funktion des stationären NELs)

Soll einer Einheit eine neue Position zugeteilt werden (Abbildung 17), damit beispielsweise ein Krankenwagen vorsichtshalber an einer bestimmten Stelle auf dem
Eventgelände steht, kann dies die Leitstelle mit dem System einleiten. Hierfür
wird das Listenelement der ausgewählten Einheit mithilfe eines Fadenkreuzes auf
die gewünschte Position auf der Karte geschoben. Die Einheit, die den neuen
Standort zugewiesen bekommt, wird in der Folge automatisiert vom System informiert.

5.2.4 Natural User Interface des stationären NELs

Bei *Windows*-Anwendungen kann zunächst mittels Berührung eines Touch-Displays die Touch-Interpretation ausgelöst werden, die jede Berührung als *Mouse-
Event* interpretiert. Darüber hinaus gibt es eine Touch-Bibliothek, unter anderem
mit den Gesten *Touch-Down*, *Touch-Up* und *Tap-Touch*. Beim Multi-Touch-Tisch
Samsung Sur40 with Pixelsense-Technology ist zusätzlich die gerätespezifische
Touch-Bibliothek *Surface SDK 2.0* vorhanden. Mit dieser Bibliothek lassen sich
im sogenannten *Touch-Target-Objekt* einzelne Touches gruppieren und klassifi-
zieren. So können mehrere Berührungen über eine ID einer Bewegung zugeordnet
werden. Der Multi-Touch-Tisch kann zusätzlich großflächig *Orientierungshilfen*
anbieten und gleichzeitig den Lageüberblick für mehrere Nutzerinnen und Nutzer
herstellen. Der *SUR40* bietet auch mehreren Nutzerinnen und Nutzern das gleich-
zeitige Interagieren mit dem System.

Das Gestenset für einen Multi-Touch-Tisch ist deutlich weniger etabliert, wie der Forschungsstand dokumentiert. Nachfolgend wird das entwickelte Gestenset für den Multi-Touch-Tisch *SUR40* vorgestellt. Explizit wird hierbei auf zwei Gesten-kombinationen eingegangen, die als Teil dieser Entwicklungsarbeit umgesetzt werden.

Unter Verwendung eines Multi-Touch-Tisches wie dem *Samsung SUR40 with Pi-xelsense-Technology* werden die gängigen Touch-Bibliotheken für die Gestener-kennung um gerätespezifische Touch-Interpretationen erweitert. In Anlehnung an die Ergebnisse von Frisch und Dachselt (2014) sowie Wobbrock et al. (2009) wer-den Ein-Hand-Interaktionen häufiger als die bimanualen Interaktionen eingesetzt (vgl. Frisch & Dachselt, 2013, S.96; Wobbrock et al., 2009, S.1086ff.). Eine In-teraktion ist nicht immer eindeutig vom System zu erfassen. Auf die Problematik der Mehrdeutigkeit wurde bei Darlegung des Forschungsstands eingegangen (vgl. Schlegel, 2013, S.3). Daher wurde bei der Zuteilung von Gesten für die Funktio-nen darauf geachtet, dass im System keine zu ähnlichen Gesten vorkommen. Doch werden auch mehrere unterschiedliche Gesten für eine einzelne Funktion angebo-ten, um der Nutzerin bzw. dem Nutzer die Wahl zu lassen. Ausgewählte Gesten und Interaktionen des Gestensets aus Tabelle 7 sind grafisch in Abbildung 17 wie-dergegeben.

Tabelle 7 Gestenset für die Multi-Touch-Tisch
(Optionale Gesten in Klammern)

Funktion	Geste/Interaktion
Einsatzauftrag erstellen	1) Sequentielles Tapping mit einem Finger
Einsatzauftragsmenü bewegen und neu positionieren	1) Element berühren und mit einem Finger bewe-gen (Drag)
Einsatzauftrag entfernen	1) Minus-Button berühren 2) (*Wipe gesture* über das Element mit mehreren Fingern oder der ganzen Hand) 3) (Element außerhalb des sichtbaren Bereiches schieben, mit einem Finger)
Karte bewegen	1) Karte berühren und mit einem Finger bewegen (Drag)

Karte zoomen	1) Vergrößerungs- oder Verkleinerungsgeste, mit zwei Fingern spreizen oder zusammenschieben 2) (Zwei Buttons mit Plus und Minus für Zoom-In/-Out)
Einsatzauftrag auswählen	1) Element mit einem Finger berühren 2) (Element mit einem Finger umkreisen)
Einheit auswählen	1) Element mit einem Finger auswählen (berühren) und mit Plus-Button hinzufügen 2) (Element berühren und mit einem Finger zum Ziel bewegen)
Einheit positionieren	1) Element berühren und mit einem Finger zum Ziel bewegen (Drag), ohne dabei die Berührung zu unterbrechen

Ein Beispiel einer Gestenbedienung ist die Interaktion „*Erstellung eines Einsatzes an einem nicht referenzierten Ort auf der Karte*". Mit einer andauernden Berührung (sogenannter *Tap-Touch*, Abbildung 17, Nummer 1) wird ein neues Einsatzauftragsmenü an der gewünschten Position des *Tap-Touch* auf der Karte geöffnet. Das Einsatzauftragsmenü markiert mit dem angezeigten Fadenkreuz die genauen Geokoordinaten (Abbildung 17, Nummer 1 und 2). Bei Nummer 2 wird ein Tracking-Marker eingesetzt, um zusätzlich die Einsatzdaten zu übertragen.

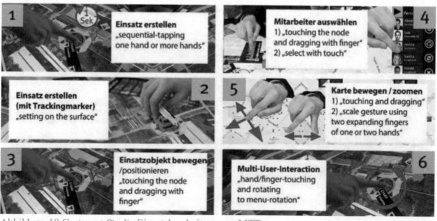

Abbildung 18 Gestenset für die Einsatzbearbeitung am MTT

Mit einem Finger oder dem Tracking-Marker kann das Menü bewegt werden, wenn sich die Einsatzposition verändert (Abbildung 18, Nummer 3). Nummer 4 zeigt das Auswählen von Einsatzkräften für die Zuteilung zum Einsatzauftrag. Die Karte kann bewegt und skaliert werden (Abbildung 18, Nummer 5). Die erwähnte Orientierung von UI-Elementen an einem Konferenztisch (Han, 2005, S.1-4 sowie Phleps & Block, 2011, S.6) wird ebenfalls eingesetzt und richtet das Einsatzauftragsmenü zur Nutzerin bzw. zum Nutzer hin aus (Abbildung 18, Nummer 1, 2 und 6). Die Rotation eines Einsatzauftragsmenüs kann auch eigenständig durchgeführt werden (Abbildung 18, Nummer 6).

Gestenkombination „Erstellen und Bewegen"

Bei der Nutzerinteraktion „Erstellen und Bewegen von einem UI-Element" gibt es zwei unterschiedliche Bedienabläufe. Diese Varianten werden beide auf dem Multi-Touch-Tisch eingesetzt. Ein UI-Element (zum Beispiel ein Einsatzauftragsmenü) kann erstellt werden (*Tap-Touch*), um es dann zu bewegen (*Drag*). Hierbei ist der Ablauf genau zu beachten (Abbildung 19, V1). Das UI-Element wird mit einem *Tap-Touch* erstellt, dann losgelassen (Berührung unterbrochen) und im Anschluss in einer erneuten Berührung bewegt. Hierzu muss das Objekt auf der Oberfläche bestehen bleiben, sodass die Berührung zwischen dem *Tap-Touch* und dem *Drag* unterbrochen werden kann. Die temporäre Zwischenspeicherung, die erneute Zuweisung der Berührung sowie das eventuelle Verschwinden im Falle keiner weiteren Berührung muss programmtechnisch umgesetzt werden.

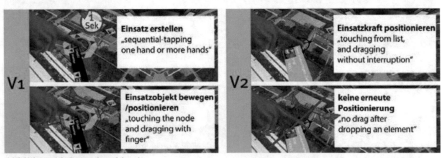

Abbildung 19 Gestenkombination
(V1 = Erstellen eines Objektes, V2 = Bewegung/Positionierung eines Objektes)

Die Alternative zu diesem Vorgehen besteht darin, ein UI-Element zu erstellen und es direkt und ohne Unterbrechung der Berührung zu verschieben und zu positionieren (Abbildung 19, V2). Sobald das UI-Element wieder losgelassen wird, überträgt es die Informationen und entfernt sich von der Oberfläche. Der Vorteil der zweiten Variante ohne eine Berührungsunterbrechung ist, dass die Software das UI-Element wieder entfernen kann, sollte die Nutzerin bzw. der Nutzer das UI-Element nicht auf die potenzielle Zielfläche bewegen. Klassifiziert werden diese Berührungen unter der Voraussetzung, ob ein Finger oder ein *Target (Tracking-Marker)* identifiziert wird. Im Anhang ist die „Touch-Down-Erkennung" in Programmcodezeilen beigefügt (A.4 Programmcode Gesten-Architektur, S. 145).

Die *Touch-Down-Erkennung* in Abbildung 19 (V1) versucht zunächst zu identifizieren, ob sich bereits ein UI-Element auf der Berührungsfläche befindet (A.4 Programmcode Gesten-Architektur, S. 145 „Methode getMenuIfExist"), um dieses UI-Element dann über *Touch-Move* zu bewegen. Wenn dieser Touch-Down nicht in ein Touch-Move übergeht (Identifizierung über die Touch-IDs), wird bei ausreichend langer Berührung der zuvor beschriebene *Tap-Touch* identifiziert. Hierbei wird dann zum Beispiel das Einsatzauftragsmenü erstellt.

Die Berührungsfläche ist dabei anhand der Fingerbreite mit einer Toleranz von +/- 75 Pixeln angegeben. Dies entspricht dem tip-of-the-iceberg-Prinzip, nach dem die Größe des Interaktionsbereichs größer sein sollte, als das entsprechende UI-Element selbst (vgl. Ijsselmuiden et al., 2010, S.9).

Die Variante 2 in Abbildung 19 wird genutzt, um einer Einheit einen neuen Standort zuzuordnen. Ein Objekt für die Bewegung wird erstellt und ohne Berührungsunterbrechung zum Zielort bewegt. Beim Loslassen an der gewünschten Position auf der Karte wird ein neues Karten-UI-Element positioniert. Hierbei werden die Oberflächenkoordinaten von Pixeln in geografische Koordinaten (geografische Länge und Breite) umgerechnet (A.4 Programmcode Gesten-Architekture, S. 145 „Drag-und-Drop-Geste"). Wenn ein Element zum Beispiel schon in einer Liste sichtbar ist, kann die zweite Variante bevorzugt eingesetzt werden.

Gestenkombination „Erstellen und Rotieren"

Die Erkennung der Hand des Nutzers, bevor die Oberfläche berührt wird und während der Finger die Oberfläche berührt, ermöglicht eine Ausrichtung des Menüs (*frustrated total internal reflection*). Egal an welcher Stelle am Multi-Touch-Tisch das Einsatzauftragsmenü erstellt wird, richtet es sich automatisiert zur Nutzerin bzw. zum Nutzer aus. Die Rotation nach dem Erstellen des Einsatzauftragsmenüs ist auch von der Nutzerinteraktion zu beeinflussen. Die Single-Hand-Interaktion bietet sich nach dem Erstellen des Einsatzauftragsmenüs über ein *Single-Tab-Touch* an. Ansonsten müsste nach dem *Single-Tap-Touch* die Berührung auf mehrere Finger wechseln. Bei einer zweiten, nicht direkt folgenden Berührung wäre die *Multi-Hand-Rotation* somit bei einem schon existierenden Menü anwendbar.

5.3   **Mobiles NEL**

Für das mobile Client-System wird ein *Windows Phone 8.1* eingesetzt. Exemplarisch wird das *Nokia 930* mit einem 5 Zoll großen Display gewählt. Beim Start ist hier ebenfalls eine Anmeldung nötig, um das mobile NEL nutzen zu können. Abbildung 20 zeigt die Bedienoberfläche des mobilen NEL mit einem geöffneten Einsatzauftragsmenü. Über die *Windows-Phone-Menüleiste* (Abbildung 20, links) können der Kartenmodus und der Funkmeldestatus (Abbildung 21) verändert und die Einsatz- und Einheitenliste angezeigt und wieder verdeckt werden. Die Einheitenliste ist in Abbildung 20 halb ausgeklappt wiedergegeben. Für eine bessere Übersicht sind bei der Einsatzauftragserstellung nicht alle Elemente sichtbar. Im Kapitel „5.3.4 Natural User Interface des mobilen NELs" wird das Konzept für die horizontale Ausrichtung der Elemente erläutert.

Abbildung 20 Anwendungsoberfläche Smartphone
(Auflistung aller Einsatzkräfte [rechts] und Informationseingabe mit Positionierung auf der Karte
[mittig], Menüleiste [links])

5.3.1 Szenario Einsatzauftragserstellung

Durch eine längere Berührung (Tap-Touch) der Karte wird ein Einsatzauftragsmenü aufgerufen. Die Koordinaten werden anhand des Berührungspunktes errech-
net und zusammen mit den Einsatzinformationen gespeichert. Im Einsatzauftragsmenü können Informationen eingegeben werden. Prototypisch können hier auch
die Informationen Einsatztyp und Einsatzgruppe für einen Einsatzauftrag ausgewählt werden. Anstelle textueller Eingaben wird auf Icons sowie andere grafische
Elemente zurückgegriffen.

Neben der Einsatzauftragserstellung können Informationen durch die Übermittlung des Funkmeldestatus versendet werden (Funkmeldesystem, 2.1 Kommunikationstechnik, Lageüberblick und Geokollaboration, S.8).

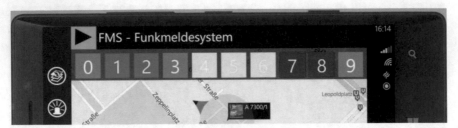

Abbildung 21 Eingabe des Funkmeldestatus (FMS)

5.3.2 Szenario Informationsempfang

Eine Einsatzmeldung erreicht die Nutzerin bzw. den Nutzer eines mobilen NELs zusammen mit den wichtigsten Informationen des Einsatzes. Eingehende Meldungen können bestätigt oder zunächst nur angezeigt werden. Anschließend wird die Karte des mobilen NELs auf die Position der eingehenden Einsatzmeldung zentriert.

Abbildung 22 Einblendung einer Einsatzmeldung mit Einsatztyp

Über eine Interaktionsfläche kann die Kartenansicht verändert werden. Die darüber erreichte *Luftbildansicht* ermöglicht es beispielsweise, in Parks und Grünflächen Wege und Durchgänge zu erkennen, die im Kartenmaterial nicht verzeichnet sind. Auf der Karte werden alle empfangenen Informationen verortet. Hierunter fallen auch alle anderen Einheiten, damit es möglich ist, sich einen Lageüberblick vor Ort zu verschaffen. (Es wurde das Kartenmaterial von HERE Maps verwendet.)

5.3.3   Szenario Positionsänderung

Die Einsatzkräfte vor Ort senden bei jeder Informationsübermittlung mit ihren mobilen NELs auch ihre jeweilige Position mit. Bei jeder Veränderung des jeweiligen Standorts wird zudem eine Aktualisierung an die Server-Anwendung übermittelt. Es ist wahlweise möglich, im *Windows-Phone-Menü* die Positionserkennung zu deaktivieren. Die Einsatzkräfte vor Ort erhalten auch Mitteilungen zum neuen Standort, den sie anfahren sollen. Auf der Karte sind somit immer der aktuelle Standort und die beabsichtigte Zielposition zu sehen.

Abbildung 23 Luftbildansicht mit Blickrichtungshilfe bzw. Kompassfunktion

Prototypisch wurde der Funktionsumfang des mobilen NELs um eine *Kompassfunktion* (vgl. Brundritt, 2014, S.333ff.) ergänzt. Die Kompassfunktion oder auch Blickrichtungshilfe kann die Richtung zum Einsatz anzeigen, wenn eine Person das Smartphone flach vor sich hält (Abbildung 20 und Abbildung 22, halbtransparenter blauer Kreis mit Kompasspfeil). Ein Kompasspfeil umkreist die aktuelle

Position der Nutzerin bzw. des Nutzers. Zukünftig kann ein zusätzliches Routing der Einsatzkraft bis zur gewünschten Position Anweisungen geben.

5.3.4   Natural User Interface des mobilen NELs

Die Menüelemente (Abbildung 24) müssen wahlweise angezeigt oder verdeckt werden können, da die Anwendungsoberfläche deutlich kleiner ist als beim Multi-Touch-Tisch-System. Beim Smartphone-System *Windows Phone 8.1* gibt es einen *Styleguide*, der Design- und Bedienrichtlinien anbietet. Die Designvorlage einer horizontalen Ausrichtung der UI-Elemente aus dem Styleguide ist an vielen Stellen der entwickelten Smartphone-Anwendung wiederzufinden. Für das Smartphone-System wurde das Querformat gewählt. Das Einsatzauftragsmenü (Abbildung 24, Nr.2) wird zum Beispiel bei einer längeren Berührung (*Tap-Touch*) auf der Karte horizontal eingeschoben. Daraufhin passt sich die Einheitenliste (Abbildung 24, Nr.3) automatisch an.

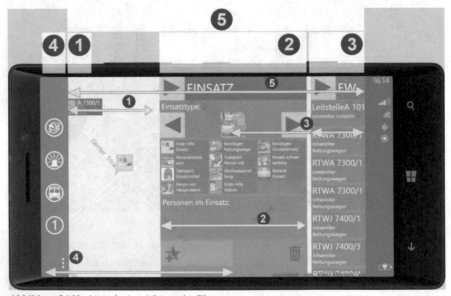

Abbildung 24 Horizontale Ausrichtung der Elemente
(1 = Einsatzauftragsliste, 2 = Einsatzauftragsmenü, 3 = Einheitenliste, 4 = Menüleiste, 5 = Funkmeldestatus-Bar)

Werden weitere Informationen zu den Einheiten benötigt, kann die Liste weiter ausgefahren werden. Aufgrund des Querformats kann die Smartphone-Anwendung mit ähnlichem Layout zur Multi-Touch-Tisch-Anwendung umgestaltet werden.

Für Smartphones hat sich ein Gestenset etabliert, das von allen Smartphone-Herstellern und Anwendungsentwicklern weitestgehend eingehalten wird. Die Bedienung des Smartphones sieht eine Zwei-Hand-Haltung mit Daumensteuerung vor. Dabei wird das Smartphone in beide Hände mit den Daumen über dem Display gelegt. Die erste unterstützte Alternative wäre, das Smartphone in einer Hand zu halten und es mit der anderen Hand zu bedienen. Als zweite, ebenfalls unterstützte Alternative für den aktiven Einsatz kann eine Halterung am Arm das Smartphone fixieren. Mit einem Finger der anderen Hand kann es dann bedient werden.

Tabelle 8 Gestenset für die Smartphone-Anwendung
(Optionale Gesten in Klammern)

Funktion	Geste/Interaktion
Einsatzauftrag erstellen	1) Sequentielles Tapping mit einem Finger
Einsatzauftragsmenü bewegen und neu positionieren	1) Nicht implementiert 2) (Element berühren und mit einem Finger bewegen [Drag])
Einsatzauftrag entfernen	1) Minus-Button berühren 2) (*wipe gesture* über das Element mit mehreren Fingern oder der ganzen Hand) 3) (Element außerhalb des sichtbaren Bereichs schieben, mit einem Finger)
Karte bewegen	1) Karte berühren und mit einem Finger bewegen (Drag)
Karte zoomen	1) Vergrößerungs- oder Verkleinerungsgeste, mit zwei Fingern spreizen oder zusammenschieben 2) (Zwei Buttons mit Plus und Minus für Zoom-In/-Out)
Einsatzauftrag auswählen	1) Element mit einem Finger berühren 2) (Element mit einem Finger umkreisen)

Einheit auswählen	1) Element mit einem Finger auswählen (berühren) und mit Plus-Button hinzufügen 2) (Element berühren und mit einem Finger zum Ziel bewegen)
Einheit positionieren	1) Element berühren und mit einem Finger zum Ziel bewegen (Drag) ohne dabei die Berührung zu unterbrechen (noch nicht implementiert)
Blickrichtung (Kompass)	1) Smartphone bewegen

5.4   Informationsbetrachtung

Für die Umsetzung der beiden Nutzerschnittstellen wurden drei Themen identifiziert, an denen sich die Gestaltung zur *Informationsbetrachtung* orientiert.

Thema Positionierung

Es sollen insbesondere natürliche Interaktionen, wie zum Beispiel eine bewegliche Menüführung auf der Karte, umgesetzt werden. Die Karte ist die Arbeitsgrundlage und Interaktionsfläche für alle Eingaben der Nutzerin bzw. des Nutzers. Die Informationen werden direkt auf der Karte positioniert. Es wird daher auch, wie im Ausschnitt des Styleguides (Abbildung 25, rechts) zu sehen, mit transparenten Flächen gearbeitet, um den Bezug zur Karte nicht zu verlieren. Wenn die Nutzerin bzw. der Nutzer ein Einsatzauftragsmenü öffnet, wird dies auf der Karte platziert und der Einsatzort somit festgelegt. Die Positionierung des Menüs auf der Bedienoberfläche ist ausschlaggebend.

Thema Form und Farbe

Das Design soll sich an beiden Nutzerschnittstellen ähneln. Formen und Farben werden einheitlich eingesetzt. Jede Farbe bedeutet eine entsprechende Funktionalität. Ein Styleguide wurde für die Anwendungen entworfen; in Abbildung 25 ist ein Ausschnitt wiedergegeben. Ein standardisierter Status ist mit einem Icon unterlegt; Abbildung 26 macht die Umsetzung am Beispiel der Johanniter-Unfall-Hilfe e.V. deutlich. Die standardisierte Abkürzung T (für Transport) oder KTP (für

Krankentransport) ist hier unter anderem mit einem visuellen Element verstärkt. Somit wird bei der Gestaltung auf bekanntes Vokabular (vgl. Nielsen & Budiu, 2013, S.133) zurückgegriffen.

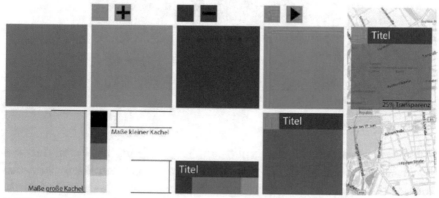

Abbildung 25 Ausschnitt des Styleguides

Bilder von den Einheiten (Einsatzkräften oder Einsatzwagen) sollen neben der textuellen Angabe die Identifizierung und Zuteilung erleichtern (Abbildung 27). Hierbei sollte dann eine sichere und schnellere Unterscheidung zwischen einem Krankentransportwagen (KTW) und einem Rettungswagen (RTW) möglich sein als in der bisherigen Darstellung. Bislang sind dafür nur die jeweilige Abkürzung, beispielsweise RTW und KTW, und eine Einheitennummer vorgesehen.

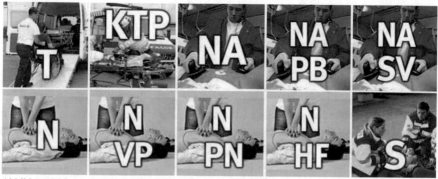

Abbildung 26 Icons für die standardisierten Statusmeldungen

Abbildung 27 Icons für alle Einsatzkräfte und Einheiten

Thema Multimodular

Alle Grundelemente und Funktionalitäten sollen für die beiden Nutzerschnittstellen gleich sein. Für das Design bedeutet dies, dass eine Konformität in der Gestaltung zwischen den beiden Nutzerschnittstellen erzielt wird. Das transmediale Design von Nielsen und Budiu (2013) wird aufgegriffen, welches die Übertragbarkeit des Designs auf unterschiedlichen Endgeräten sowie unterschiedlichen Displays beschreibt (vgl. Nielsen & Budiu, 2013, S.208). Ähnliche oder gleiche Gesten sollen demnach dieselbe Funktion auslösen. Mit einem *Tap-Touch* auf der Karte der Smartphone-Anwendung wird beispielsweise genauso wie bei der Multi-Touch-Tisch-Anwendung ein Einsatzauftragsmenü geöffnet.

5.5   Informationsaustausch

Die drei Teile des Lösungsweges sehen insbesondere eine Änderung im *Informationsaustausch* vor. Über die Systeme werden Informationen zwischen der Leitstelle (Abbildung 28, innerer Kreis) und den mobilen Einsatzkräften (Abbildung 28, mittlerer Kreis) übermittelt. Jede vor Ort tätige mobile Einsatzkraft ist dank Smartphone in der Lage, Informationen zu erhalten, die den vormals sprachlich übermittelten Informationsumfang übersteigen. Bislang hatte nur das System in der Leitstelle (Abbildung 28, innerer Kreis) Zugriff auf alle Informationen. Die mobilen Einsatzkräfte wurden dann situationsabhängig informiert. Hingegen können nach neuem Konzept die mobilen Einsatzkräfte vor Ort alle Informationen mit dem Smartphone einsehen.

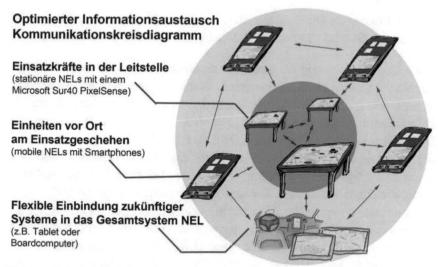

Optimierter Informationsaustausch
Kommunikationskreisdiagramm

Einsatzkräfte in der Leitstelle
(stationäre NELs mit einem
Microsoft Sur40 PixelSense)

Einheiten vor Ort
am Einsatzgeschehen
(mobile NELs mit Smartphones)

Flexible Einbindung zukünftiger
Systeme in das Gesamtsystem NEL
(z.B. Tablet oder
Boardcomputer)

Abbildung 28 Optimierter Informationsaustausch

Eine weitere Änderung in diesem Konzept betrifft die *Informationsaufnahme*, die oftmals von der vor Ort tätigen Einsatzkraft geleistet wird. Die Einsatzkräfte vor Ort können nun die Informationen über das Smartphone eingeben und der Leitstelle übermitteln. Abbildung 29 zeigt eine überarbeitete Version der Zeitdefinition von Schmiedel und Behrendt (vgl. Schmiedel & Behrendt, 2011, S.34ff.). Von der *Meldezugangszeit* bis zur *Dipositionszeit* ist eine Änderung (Abbildung 29, rechte Seite, grüne Felder) eingearbeitet. Die benötigte Zeit in den Abschnitten *Meldezugangszeit* bis einschließlich *Gesprächszeit* aus dem zeitlichen Ablauf kann durch die Informationseingabe vor Ort minimiert werden (Abbildung 29, Vorgang A). Es ist sogar in Erwägung zu ziehen, in der Folge eine Disposition (Abbildung 29, Vorgang B) über das Smartphone zu tätigen. Dann wären die Dispositions- und die Alarmierungszeiten anstatt der Leitstelle der vor Ort tätigen Einsatzkraft zuzuschlagen.

Bei Anwendung dieser Informationseingabe findet die Einsatzkraft auf einer Veranstaltung beispielsweise eine hilfebedürftige Person vor und gibt die Information über das Smartphone ein. Die Smartphone-Anwendung ergänzt dann automatisiert den Einsatzort und schickt die Informationen an die Leitstelle. Die Einsätzkräfte in der Leitstelle können einen Krankentransportwagen für diesen

Einsatz disponieren. Die Einsatzkraft im Krankentransportwagen erhält wiederum diese Dispositionsinformation mit den Zielort-Koordinaten per Smartphone.

Die Leitstelle hat bislang die Dispositionen alleine durchgeführt und damit auch die Verantwortung dafür übernommen. Sollte aus rechtlichen Gründen diese Verantwortung weiterhin bei der Leitstelle verbleiben müssen, könnten die Dispositionen zukünftig in zwei *Prioritätsstufen* eingeteilt werden. Die Dispositionen der Leitstelle haben die höchste Priorität. Die Informationseingaben oder auch Dispositionen zweiter Priorität sind dann von den mobilen Einsatzkräften vor Ort digitalisierte Einsätze, die von der Leitstelle bestätigt und damit verantwortet werden müssen. Die konzeptuelle Änderung zur Optimierung der Kommunikation liegt in der frühzeitigen Digitalisierung der Informationen. Das Konzept sieht zunächst keine Nutzerrechte oder Weisungsbefugnisse bei der Informationseingabe und der Disposition vor. Daher können sowohl mit der mobilen NEL vor Ort als auch mit dem stationären NEL in der Leitstelle Einsatzaufträge erstellen und Einheiten zugeordnet werden.

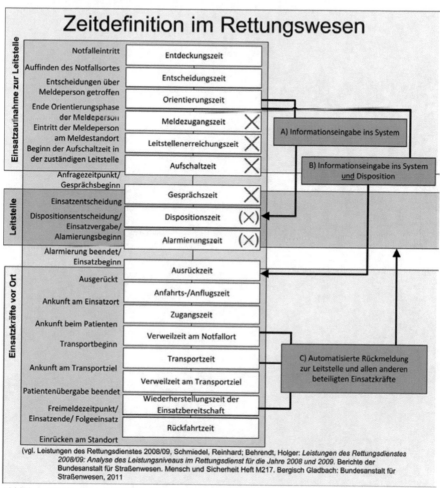

Abbildung 29 Diagramm Zeitdefinition im Rettungsablauf
(vgl. Schmiedel & Behrendt, 2011, S.36)

6 Implementierung

6.1 Client-Server-Kommunikation

Alle NELs (Abbildung 30) versenden die Informationen zunächst an die zentrale Server-Anwendung. Die Server-Anwendung (Abbildung 30, mittig) kann die Informationsmeldungen an alle oder gezielt an bestimmte NELs der Nutzerinnen und Nutzer weiterleiten.

Abbildung 30 Bidirektionale Interaktionen
(Server [mittig], mobile NELs [links], stationäre NEL [rechts])

Die *Client-Server-Kommunikation* ist bidirektional. Dies bedeutet, dass die Server-Anwendung die Client-Anwendungen kontaktieren kann. Gängig ist eine Kontaktierung der Clients beim Server für eine Datenabfrage. Jedes Client-System meldet sich beim Server-System zum Zeitpunkt des Anwendungsstarts an und registriert sich für den bidirektionalen Datenaustausch. Die Server-Anwendung kann so beim Erhalt neuer Daten diese an die registrierten Client-Systeme übermitteln. Die Ausfallsicherheit von Einsatzgeräten kann im Geschehen nicht gewährleistet werden. Jede Information und jede Positionsmeldung werden über die Services des Servers abgelegt. Die Kommunikation läuft immer über den Server. Hiermit ist bei den Client-Anwendungen die Wiederherstellbarkeit der Daten sichergestellt. Die Daten können jederzeit erneut vom Server geladen werden.

© Springer Fachmedien Wiesbaden GmbH, ein Teil von Springer Nature 2018
M. Gebler, *Georeferenziertes Disponieren mit nutzerfreundlichen, mobilen und stationären Multi-Touch-Systemen*, https://doi.org/10.1007/978-3-658-21879-9_6

Die Techniken der *Windows Communication Foundation (WCF)* und des *Windows Push Notification Service (WNS)* werden für den Datenaustausch zwischen den Client-Systemen und dem Server-System eingesetzt.

6.1.1   Windows Communication Foundation (WCF) Callback-Services im stationären NEL

Der Callback-Service wird für die am Netzwerk angebundenen Systeme, also die stationären NELs, eingesetzt. Die verwendete dienstorientierte Kommunikationsplattform für verteilte Anwendungen von Microsoft (WCF) bietet unter anderem Web-Services mit Transportprotokollen wie *HTTP* und *TCP* an. Für die serverinitialisierte Kommunikation wird ein *duales HTTP-Binding* verwendet. Die stationären NELs melden sich beim Anwendungsstart mit eigenen *Kontextinformationen* bei der Server-Anwendung an. Die bereitgestellte *Callback-Funktion* im Client kann der Server über die Verbindung ansprechen und die Daten übermitteln. Die Server-Anwendung verwaltet somit alle Client-Registrierungen und versendet *Callbacks*. Mit dieser Lösung können zentral Informationen nach Restriktionen, zum Beispiel einer Weisungsbefugnis der Disposition, gesteuert werden. Im Anhang finden sich Beispiele für Programmcodeausschnitte dieser verwendeten Kommunikation (A.2 Programmcode Callback-Service, S.142).

6.1.2   Windows Push Notification Service im mobilen NEL

Der *HTTP Notification Channel* transferiert die Daten vom Server an die mobilen NELs. Dieser *Windows-Push-Benachrichtigungsdienst* kann im Sperrbildmodus/-schirm eine *Hintergrundaufgabe* des Smartphones aktivieren. So können Daten zu jeder Zeit aktualisiert der Nutzerin und dem Nutzer bereitgestellt werden, sobald diese/r sich dem Smartphone zuwendet. Die Kommunikation über den *Windows Push Notification Service* fordert eine Begrenzung der Datenmenge für eine Übertragung. Es wird ein Ablauf gewählt, bei dem der Server die mobilen NELs über neue Daten mit den Push Notification Service informiert, aber die eigentlichen Daten nicht mittransferiert. Die mobilen NELs können daraufhin bei Bedarf automatisiert die neuen Daten über den einen *HTTP-Request* abfragen. Dem Anhang ist dieses Verfahren mit den entsprechenden Programcodeabschnitten beigefügt (A.3 Programmcode Windows Push Notification Service, S.142).

6.2 Client-Server-Architektur/-Implementierung

Die Client-Server-Architektur ist eine eigens für das NEL entwickelte sehr flexible Architektur. Ein Großteil der Anwendungsbausteine in dieser Struktur wurde abstrakt (generisch) programmiert. Einerseits können beliebig viele mobile oder stationäre NELs aktiv im Einsatz arbeiten, andererseits bietet dieser Architekturaufbau zukunftsorientiert die Voraussetzung, neben einer Smartphone-App und der Multi-Touch-Tisch-Anwendung weitere NELs auf anderen Geräten zu integrieren. Beispielsweise kann ein Bordcomputer eines Einsatzfahrzeuges als weiteres NEL entwickelt werden und auf Basis der entwickelten Bibliotheken eine Vielzahl der nötigen Anwendungsbausteine nutzen.

Diese Anwendungsbausteine wurden in Bibliotheken, sogenannten *Portable-Class-Libraries*, zusammengefasst, um sie mehrfach verwenden zu können. Ein solcher Baustein ist die komplette Serverkommunikation (*Controller-Klassen* der MVC-Struktur), die in einer Bibliothek zusammengefasst wurde. Die Datenhaltung und -verwaltung (*Model-Klassen* der MVC-Struktur) wurden ebenfalls in eine weitere Bibliothek exportiert. Diese Bibliothek wird zusätzlich in der Server-Anwendung implementiert. Diese beiden Bibliotheken, die unter anderem die Flexibilität in der Entwicklung des NEL ermöglichen, werden im Folgenden vorgestellt.

6.2.1 Model-Klassen-Bibliothek

Die *Model*-Klassen-Bibliothek mit sogenannten *Containern* (Abbildung 31) wird sowohl in der Server-Anwendung implementiert als auch aktuell in den beiden Client-Anwendungen. Diese *Datenbindung, Ereignisverarbeitung* und *Datenverwaltung* wird in einem sogenannten *Container* zusammengefasst und in der Model-Bibliothek zusammengefasst.

Jede der beiden Client-Anwendungen wurde mit einer *Model-View-Controller-(MVC)* und einer *Model-View-ViewModel-Struktur (MVVM)* aufgebaut. Das Prinzip der *Datenbindung* und der *Ereignisverarbeitung* der MVVM-Struktur wird aufgegriffen und um eine *Datenverwaltung* erweitert. Die Datenbindung und die Ereignisverarbeitung umfasst das im MVVM verankerte Verfahren zur automatisierten Aktualisierung der *Views* durch die direkte Bindung über das *ViewModel* an ein Datenobjekt im *Model*.

In der Entwicklung werden die *Container* für die Verwaltung von *Personen (P)*, *Geräte (Devices D)*, *Positionen (Locations L)* und *Einsätzen (E)* umgesetzt (Abbildung 31, rechte Seite). Damit kann die Model-Bibliothek flexibel in allen Anwendungen verwendet werden, wie in Abbildung 31 zu sehen ist.

6.2.2   Controller-Klassen-Bibliothek

Die *Controller* für den *Datenaustausch* mit dem Server sind ebenfalls zusammengefasst und können in jeder Client-Anwendung implementiert werden. Die Funktionen wurden einmalig programmiert und erreichen vollkommene Konsistenz unter den Anwendungen. Hierbei werden die in 6.1 vorgestellten Kommunikationstechniken *Callback-Service* und *Notification-Service* eingesetzt. Dafür müssen sich die Client-Anwendungen zuvor einmalig beim Server registrieren. Dies übernimmt auch der *Controller*. Das Verfahren mit den *Controller*-Bibliotheken (Serverkommunikation) sowie mit den *Model*-Bibliotheken (Datenbindung, Ereignisverarbeitung, Datenverwaltung*)* wird in Abbildung 31 illustriert. Hierbei wird beispielsweise ein Einsatzauftrag (E) von der Nutzerin bzw. dem Nutzer an einem Multi-Touch-Tisch erstellt und an den Server sowie vom Server an die disponierten Einsatzkräfte (andere Client-Systeme) übermittelt.

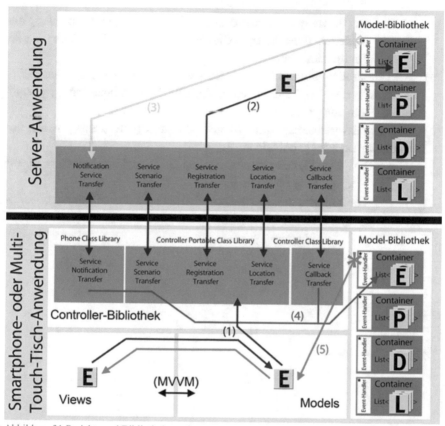

Abbildung 31 Projekt- und Bibliotheksstruktur
(Trennung der Controller-Klassen in eine Controller-Bibliothek, Trennung der Model-Klassen.
Verwendung in den Clients und im Server)

(1) Erstellung eines Einsatzauftrages (E) und Versenden des Einsatzauftrages zum Server mittels der Klassen in der Controller-Bibliothek (Abbildung 31, rot)

(2) Ablegen des Einsatzauftrages (E) in die jeweilige Containerklasse der Model-Bibliothek im Server (Abbildung 31, violett)
- Hier liegen alle Einsatzaufträge.

(3) Die Ereignisverarbeitung in der Model-Bibliothek meldet einen neuen Einsatzauftrag an den Callback und Notification Service (Abbildung 31, gelb)

- Der Server informiert an dieser Stelle nun alle im Einsatzauftrag disponierten Einsatzkräfte (Client-Systeme) über den Callback oder Notification Service.

(4) In der Controller-Bibliothek jeder Client-Anwendung (jeder disponierten Einsatzkraft) werden die Daten an die Model-Bibliothek (Client-Seite) weitergereicht. (Abbildung 31, blau)

(5) Die Ereignisverarbeitung in der Model-Bibliothek (Client-Seite) meldet den neuen Einsatzauftrag. (Abbildung 31, grün)

- Die ViewModels aktualisieren die Daten und bereiten diese für die Anzeige in den Views vor.

- Die Nutzerin bzw. der Nutzer wird über den neuen Informationseingang mit einer Meldung informiert.

7 Nutzerstudien

Anhand einer ersten Nutzerstudie werden das derzeit in der Leitstelle verwendete System und das neu entwickelte stationäre NEL verglichen. Eine zweite Nutzerstudie vergleicht dann die mobilen Systeme Handfunkgerät und Smartphone (mobile NEL). Die Untersuchung bezieht sich auf die Einsatzkräfte der Johanniter-Unfall-Hilfe e.V. In der Darstellung des Forschungsstands wurden die drei gängigen Szenarien *Positionsänderung, Informationsempfang und Einsatzauftragserstellung* für beide Benutzerrollen beschrieben. Zusammengefasst sollen die neu eingesetzten Endgeräte der jeweiligen Einsatzkraft einen

- *verbesserten Lageüberblick* mobil und in der Leitstelle (Lösungsweg Teil 1),
- einen *optimierten Informationsaustausch* (Lösungsweg Teil 2)
- und eine *gebrauchstaugliche Nutzerinteraktion* (Lösungsweg Teil 3)

bieten. Diese drei Aspekte des Lösungsweges fassen den Mehrwert der neu entwickelten mobilen und stationären NELs zusammen, den es mithilfe der beiden Nutzerstudien zu prüfen gilt. Ein Systemaustausch bei der mobilen Einsatzkraft vor Ort zieht auch eine Veränderung für die Einsatzkraft in der Leitstelle nach sich. So wird jeder der drei Teile des Lösungsweges in der jeweiligen Nutzerstudie betrachtet. Die Nutzerstudien werden in einer realitätsnahen und einsatzgetreuen Umgebung getestet. Eine ProbandInnengruppe bedient das stationäre NEL in der Leitstelle (erste Nutzerstudie zum stationären NEL) und eine weitere ProbandInnengruppe das mobile NEL vor Ort am Geschehen in einem Unfall-Hilfezelt zweite Nutzerstudie zum mobilen NEL).

© Springer Fachmedien Wiesbaden GmbH, ein Teil von Springer Nature 2018
M. Gebler, *Georeferenziertes Disponieren mit nutzerfreundlichen, mobilen und stationären Multi-Touch-Systemen*, https://doi.org/10.1007/978-3-658-21879-9_7

7.1   Nutzerstudie 1 – stationäre NEL

Das neu entwickelte stationäre NEL mit dem Multi-Touch-Tisch wurde im Rahmen dieser Studie in der Johanniter-Unfall-Hilfe e.V. Leitstelle in Berlin eingesetzt.

7.1.1   Fragestellung

Lösungsweg Teil 1

Der erste Teil des Lösungswegs umfasst die *Verbesserung des Lageüberblicks*. Es wird geprüft, ob die übermittelten Einsatzinformationen mit Positionsangaben von den mobilen NELs in der Leitstelle zu einer gebrauchstauglicheren und weniger anstrengenden Einsatzbearbeitung führen. Weiterhin kann in diesem Teil des Lösungsweges die Leitstelle einer Einsatzkraft eine neue Position zuweisen. Anhand des Szenarios *Positionsänderung* in der Leitstelle wird die folgende Forschungsfrage geklärt:

1.   Führt der Austausch von georeferenzierten Positionsangaben über das stationäre NEL zu einer gebrauchstauglicheren und erleichterten Aufgabendurchführung?

Lösungsweg Teil 2

Die Digitalisierung von Informationen vor Ort soll zu einem *optimierten Informationsaustausch* führen. Die gegenwärtig ausschließlich sprachlich übermittelte Information kann unkonkret sein; die Übermittlung ist zeitaufwendig und fehleranfällig. Die sprachlich übermittelten sollen durch digital empfangene Informationen ersetzt werden. Anhand des Szenarios *Informationsempfang* in der Leitstelle wird die zweite Forschungsfrage geklärt:

2.   Ist der Empfang einer Information am stationären NEL gebrauchstauglicher und führt er zu einer erleichterten Verarbeitung als der Informationsempfang über den Sprechfunk?

Lösungsweg Teil 3

Das Natural User Interface eines großflächigen Multi-Touch-Tisches soll für die Arbeit in der Leitstelle besser geeignet sein. Das Szenario *Einsatzauftragserstellung* in der Leitstelle umfasst eine getätigte Informationseingabe und wird zur Klärung folgender, der dritten Forschungsfrage herangezogen:

3. Verbessert das Natural User Interface des stationären NEL die Informationseingabe und beansprucht es die Nutzerinnen und Nutzer weniger?

7.1.2   Methode

Die Gebrauchstauglichkeit (Usability) der Systeme wird mit Hilfe des *Fragebogens ISONORM 9241/10 (short)* erfasst (fortan *Isonorm-Fragebogen* genannt). Die Beanspruchung (empfundene Anstrengung der Nutzerin bzw. des Nutzers) bei der Systemnutzung wird mit einem weiteren Fragebogen bewertet. Hierbei ist jede Frage mit einer *SEA-Scala* zu beantworten.

7.1.2.1   Versuchsablauf

Phase 1: Dem Versuchsablauf folgend füllen die Probandinnen und Probanden als erstes einen Fragebogen zur Erfassung demografischer Daten aus. Im Anschluss bewerten sie das derzeitig verwendete System anhand der beiden Fragebögen Isonorm-Fragebogen und Fragebogen zur Beanspruchung.

Phase 2: Die Probandinnen und Probanden werden an dem stationären NEL mit dem Multi-Touch-Tisch instruiert und benutzen an dieser Stelle alle das System zum ersten Mal. In einer Einarbeitung mit einer *10-Stufen-Instruktion* (siehe Anhang, Abbildung 37, S.148) werden sie in das System eingeführt.

Phase 3: Für die Probandinnen und Probanden sind drei Untersuchungsaufgaben vorbereitet, die an dem neu entwickelten stationären NEL durchgeführt werden. Jede der drei Untersuchungsaufgaben bezieht sich jeweils auf eine Forschungsfrage (ein Szenario). Die drei Untersuchungsaufgaben werden randomisiert ausgewählt. Ein *strukturiertes Interview* erfasst die Bevorzugung sowie die Gründe der Bevorzugung eines Systems nach jeder der drei Untersuchungsaufgaben:

1) Welches System/welche Funktion würdest du für die zukünftigen Einsätze bevorzugen?

2) Warum würdest du dieses System/diese Funktion bevorzugen?

Phase 4: Nach der Durchführung aller drei Untersuchungsaufgaben an dem neu entwickelten stationären NEL bewerten die Probandinnen und Probanden das NEL anhand der beiden Fragebögen *Isonorm* und *Beanspruchung bei der Systemnutzung.*

Phase 5: Zum Abschluss erfasst ein weiteres strukturiertes Interview allgemeine Aussagen. Die Antworten auf die erste Frage gehen in die Auswertung ein. Die weiteren Fragen dienen der zukünftigen Verbesserung und Erweiterung der Software:

- Würdest du gerne mit einem Multi-Touch-Tisch im Dienst arbeiten?

Weitere Fragen zur zukünftigen Veränderung oder Erweiterung der Software:

- Bei welchen Funktionen oder Anwendungsbereichen hättest du Verbesserungsvorschläge?
- Ist das Design eingängig und aufschlussreich?
- Welche Form der Übermittlung von Positionen würdest du gerne verwenden? (Sprechfunkkommunikation/systemautomatisiert)
- Welche Daten/Materialen/Zusatzinfos würdest du gerne auf dem Multi-Touch-Tisch/Smartphone noch einarbeiten?

Dokumentation

Eine Videoaufnahme über die gesamte Studie hinweg dient der Dokumentation. Eine Think-Aloud-Methode während der Einarbeitungsphase und der Aufgabendurchführung soll anhand der dokumentierten Handlungen und Aussagen eine zukünftige Weiterentwicklung des neu entwickelten Systems ermöglichen.

7.1.2.2   Stichprobe und Versuchsdesign

Die Stichprobe umfasst neun Personen, die aktuell in der Leitstelle tätig sind. Die Probandinnen und Probanden führen jeweils Aufgaben in der Leitstelle mit dem derzeitigen System und mit dem neu entwickelten System am Multi-Touch-Tisch (MTT) durch. Die Veränderung des Systems ist die unabhängige Variable der Nutzerstudie.

Bei der Nutzerstudie sind die subjektive Bewertung der Probandinnen und Probanden und Aussagen qualitativer Natur erfasst worden. Als abhängige Variablen sind das Ausmaß der Systemnutzung (Gebrauchstauglichkeit) und die Beanspruchung bei der Systemnutzung gewählt. Die objektive Erfassung der Bearbeitungszeit ist unzureichend, wie in Kapitel 2.3.2.2 Videoaufzeichnung (S.30) festgehalten. Als Versuchsdesign kommt das *within-subject-design* zum Einsatz. Die Befragung zum derzeitigen System kann ohne Einflüsse am Anfang des Versuchsablaufs durchgeführt werden, da die Probandinnen und Probanden das neu entwickelte System zu diesem Zeitpunkt nicht kennen. Die ProbandInnengruppe aus dieser Nutzerstudie weicht von der ProbandInnengruppe, die die mobilen Systeme in der zweiten Nutzerstudie bewertet, ab.

7.1.2.3 Hypothesen

Hypothese 1: Der Austausch georeferenzierter Positionsangaben über das stationäre NEL führt bei der Aufgabendurchführung zu einem gesteigerten Ausmaß der Systemnutzung sowie einer geringeren Beanspruchung der Einsatzkraft bei der Systemnutzung als ohne Georeferenzen.

Hypothese 2: Ein Informationsempfang am stationären NEL statt via Sprechfunk reduziert die Beanspruchung der Einsatzkraft und steigert das Ausmaß der Informationsverarbeitung.

Hypothese 3: Das Ausmaß der Nutzung des Leitstellensystems wird durch Natural User Interface erhöht und die Beanspruchung der Einsatzkraft bei der Interaktion verringert.

7.1.3   Ergebnisse und Auswertung

7.1.3.1   Usabillity – Isonorm-Fragebogen

Aus der Auswertung der Usability zum derzeitigen System in der Leitstelle und zum stationären NEL lassen sich folgende Ergebnisse ableiten: Die Bewertungen der Systeme fallen ähnlich aus (Abbildung 32). Eine deutliche Abweichung ist allerdings bei der *Lernförderlichkeit* zu erkennen. Der Mittelwert der *Lernförderlichkeit* liegt beim stationären NEL deutlich höher als beim derzeitigen System. Abbildung 32 zeigt die errechneten Mittelwerte jeder *Dimension* des Isonorm-Fragebogens und die beiden *Mittelwerte über alle Dimensionen*. (Die Ergebnistabellen sind im Anhang A.8 zu finden.)

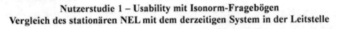

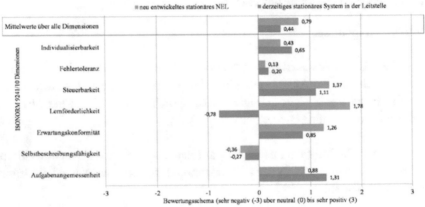

Abbildung 32 Balkendiagramm zu den Isonorm-Fragebogenergebnissen (Vergleich stationäres NEL mit dem derzeitigen System in der Leitstelle)

Bei beiden Systemen fallen allgemein die Bewertungen zur *Fehlertoleranz* und zur *Selbstbeschreibungsfähigkeit* neutral bis negativ aus. Sehr positiv hingegen wird bei beiden Systemen die *Steuerbarkeit*, *Aufgabenangemessenheit* und *Erwartungskonformität* bewertet.

Die Auswertung mit *t-Tests* soll konkretere Rückschlüsse zulassen. Das Signifikanzniveau wird bei 5 % festgelegt. Der t-Test über alle sieben Dimensionen[13] des Isonorm-Fragebogens ergibt einen *Signifikanzwert* von 10,1 % (Tabelle 9) und unterschreitet das Signifikanzniveau nicht. Es belegt keine signifikant positive Verbesserung für das stationäre NEL über alle Dimensionen des Isonorm-Fragebogens.

Die Auswertungen auf der Ebene der einzelnen Dimension zeigen, dass die Signifikanzwerte, außer bei der *Lernförderlichkeit*, ebenfalls keinen nachweisbaren Unterschied aufweisen.

Tabelle 9 Nutzerstudie 1 (stationär) t-Test-Ergebnisse Isonorm-Fragebogen

Dimension	Signifikanzwert (p-value)	Testgröße (t-Statistik)	Freiheitsgrade (df)
Aufgabenangemessenheit	18,3 %	0,96	8
Selbstbeschreibungsfähigkeit	40,5 %	-0,25	8
Erwartungskonformität	22,6 %	-0,79	8
Lernförderlichkeit	0,0 %	-5,94	8
Steuerbarkeit	23,5 %	-0,76	8
Fehlertoleranz	44,8 %	-0,13	8
Individualisierbarkeit	27,8 %	0,62	8
über alle Dimensionen	10,1 %	-1,39	8
Notizen zu den t-Tests	- Zweistichproben t-Test bei abhängigen Stichproben (Paarvergleichstest) - Erwartungsbereich von 95 % - einseitige Verteilung - Nullhypothese besagt, dass die Mittelwerte der Grundgesamtheiten gleich sind		

---

[13]   Die Werte aller sieben Dimensionen des Isonorm-Fragebogens (short) je Probandin und Proband werden gemittelt und diese Mittelwerte aller Probandinnen und Probanden werden bei den t-Test verwendet.

(Die Ergebnistabellen sind im Anhang *A.8* Nutzerstudie 1 (stationär) Isonorm-Fragebogenergebnisse, *S.153*, zu finden.)

7.1.3.2 Beanspruchung – Fragebogen und SEA-Skala-Antworten

Es wurden fünf Fragen zur Beanspruchung des derzeitigen Systems und nach der Durchführung der drei Aufgaben des stationären NELs gestellt (Abbildung 33). Die empfundene Anstrengung der Lagebeurteilung wird nach dem Diagramm Abbildung 33 deutlich zugunsten des stationären NEL beurteilt. Der Mittelwert zur empfundenen Anstrengung mit dem derzeitigen System wird bei der Einsatzauftragserstellung und der -bearbeitung etwas geringer bewertet und demnach als weniger anstrengend eingestuft.

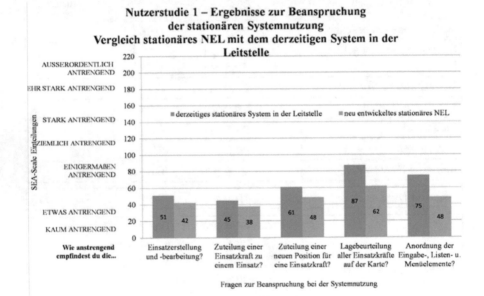

Abbildung 33 Ergebnisse zur Beanspruchung bei der stationären Systemnutzung

Mit einem t-Test, der alle fünf Fragen[14] zusammen umfasst, kann aber kein signifikanter Unterschied nachgewiesen werden. Es wurden je Probandin und Proband

---

14   Die Werte aller fünf Fragen des Fragebogens werden je Probandin und Proband gemittelt
         und diese Mittelwerte aller Probandinnen und Probanden werden bei den t-Test verwendet.

die Antwortwerte gemittelt. Dieser Wert widerlegt die Nullhypothese nicht und weist keine signifikante Verbesserung des neuen stationären NELs bezüglich der Beanspruchung bei der Systemnutzung nach. Wird jede Frage einzeln betrachtet, ist ebenfalls kein nachweislicher Unterschied mit dem t-Tests festzustellen.

Tabelle 10 Nutzerstudie 1 (stationär) t-Test-Ergebnisse zur Beanspruchung bei der Systemnutzung

Dimension	Signifikanz-wert (p-value)	Testgröße (t-Statis-tik)	Freiheits-grade (df)
Wie anstrengend empfindest du die Einsatzerstellung und -bearbeitung?	44,4 %	0,15	8
Wie anstrengend empfindest du die Zuteilung einer Einsatzkraft zu einem Einsatz?	31,8 %	0,49	8
Wie anstrengend empfindest du die Zuteilung einer neuen Position für eine Einsatzkraft?	25,1 %	0,70	8
Wie anstrengend empfindest du die Lagebeurteilung aller Einsatzkräfte auf der Karte?	13,0 %	1,21	8
Wie anstrengend empfindest du die Anordnung der Eingabe-, Listen- und Menüelemente?	6,6 %	1,68	8
alle Fragestellungen zusammen	15,6 %	1,08	8

Informatio-nen über die t-Tests	- Zweistichproben t-Test bei abhängigen Stichproben (Paar-vergleichstest) - Erwartungsbereich von 95 % - einseitige Verteilung - Nullhypothese besagt, dass die Mittelwerte der Grundge-samtheiten gleich sind

(Die Ergebnistabellen sind im Anhang *A.9 Nutzerstudie 1 (stationär) Fragebogen-auswertung zur Beanspruchung bei der Systemnutzung, S.155*, zu finden)

7.1.3.3   Ergebnisse der strukturierten Interviews (Versuchsablauf Phase 2)

Versuchsablauf Phase 3 – Jeder Proband und jede Probandin hat sich nach jeder Aufgabendurchführung an dem stationären NEL für dieses oder für das derzeitige System ausgesprochen (7.1.2.1 Versuchsablauf, S.95, Phase 2). Diese Auswertung der Stimmen für eines der beiden Systeme ist in der Tabelle 11 zusammengefasst.

Hybridsystem – Die Aussagen, die für beide Systeme sprechen, wurden unter der Bezeichnung „Hybridsystem" zusammengefasst. Hier liegt zwar eine Bevorzugung des neuen Systems vor, doch ist diese Wahl an Bedingungen geknüpft, wie beispielsweise die zusätzliche Nutzung des Sprechfunks oder die Möglichkeit einer Texteingabe per Tastatur. Eine weitere Aussage beinhaltet, dass die Einsatzkräfte gerne die Informationsübertragung mit dem neuen System durchführen, aber bei intensiveren Gesprächen auf den Sprechfunk zurückgreifen.

Tabelle 11 Auswertung des strukturierten Interviews
Stimmen für das stationäre NEL oder das derzeitige System

Aufgabe\System	neues System	Hybrid-system[15]	derzeitiges System	Enthaltung
Positionsänderung in der Leitstelle (Lösungsweg Teil 1 – *Verbesserung des Lageüberblicks*)	5	2	-	2
Informationsempfang in der Leitstelle (Lösungsweg Teil 2 – *optimierter Informationsaustausch*)	5	-	-	4
Einsatzauftragserstellung (Lösungsweg Teil 3 – *gebrauchstaugliche Nutzerinteraktion*)	4	1	2	2
in Prozent, gerundet	52 %	11 %	7 %	30 %

---

[15]   Ein System mit Funktionen des stationären NELs und des derzeitigen Systems, zum Beispiel Wahl zwischen Touch oder Tastatur.

Zusammengefasst gibt es eine Favorisierung des neuen Systems, für das sich 52 % der Befragten aussprachen (Tabelle 11). Laut 7 % der Antworten wird das bisherige System bevorzugt, 30 % der Befragten nannten keine Bevorzugung.

Hypothese 1: Nach der Durchführung der Aufgaben in dem *Szenario Positionsänderung in der Leitstelle* haben sich sieben von neun Befragten für das stationäre NEL ausgesprochen (Tabelle 11). Die erst Hypothese kann hiermit bestätigt werden. Die Bearbeitung mit georeferenzierten Positionsangaben wird bevorzugt.

Hypothese 2: Nach der Aufgabendurchführung für das Szenario *Informationsempfang in der Leitstelle* haben sich fünf von neun Befragten für dieses Vorgehen ausgesprochen (Tabelle 11). Dennoch wurde das neuartige Vorgehen des *Informationsaustausches* mit Skepsis aufgenommen und führte zu vielen Enthaltungen. Daher kann die zweite Hypothese, eine Optimierung des *Informationsaustausches*, nicht bestätigt werden.

Hypothese 3: Nach der Aufgabendurchführung zum Szenario *Einsatzauftragserstellung* haben sich fünf von neun Befragten für das stationäre NEL ausgesprochen (Tabelle 11). Auch hier sind wieder Enthaltungen zu vermerken. Obwohl sich mehr als die Hälfte der Befragten für die neuartige Einsatzerstellung mit der Touch-Bedienung des NEL ausgesprochen haben, kann die dritte Hypothese nicht bestätigt werden. Es ist nicht eindeutig zu erkennen, ob das Ausmaß der Natural-User-Interface-Nutzung erhöht und die Beanspruchung bei der Interaktion durch das stationäre NEL verringert wird.

7.1.3.1   Ergebnisse der strukturierten Interviews (Versuchsablauf Phase 5)

Die Probandinnen und Probanden haben nach der Aufgabendurchführung zur Abgabe einer abschließenden Meinung die Frage beantwortet, ob sie gerne mit einem Multi-Touch-Tisch im Dienst arbeiten möchten (7.1.2.1 Versuchsablauf, S.95, Phase 4). Es sprach sich ein Großteil der Probandinnen und Probanden für ein Hybridsystem aus (Tabelle 11).

Tabelle 12 Auswertung des zweiten strukturierten Interviews
Stimmen für das stationäre NEL oder das derzeitige System

Aufgabe\System	neues System (Multi-Touch-Tisch)	Hybrid-sys-tem[16]	derzeiti-ges System	Enthal-tung
Würdest du gerne mit einem Multi-Touch-Tisch im Dienst arbeiten?	3	4	1	1
in Prozent, gerundet	33 %	44 %	11 %	11 %

7.1.4   Diskussion

Die Leitstelle ist ein Jahr vor der Studiendurchführung (Anfang 2014, Studie Mitte 2015) mit einer neuen Softwareversion für das derzeitige System ausgestattet worden. An den positiven Werten für die Isonorm-Dimensionen zum derzeitigen System ist zu sehen, dass das derzeitige System als sehr gebrauchstauglich bewertet wird. Doch erfährt das neue stationäre NEL laut Befragung ebenfalls eine hohe Zustimmung.

Bereits nach kurzer Einarbeitungszeit gelingt es den Nutzerinnen und Nutzern, das neu entwickelte stationäre NEL zu bedienen. Die *Lernförderlichkeit* ist für das stationäre NEL positiver als das derzeitige System bewertet worden. Die Bewertung in der *Aufgabenangemessenheit* wird – vermutlich wegen der wenigen Funktionen des Portotypens des stationären NELs – als schlechter und als nicht vollständig eingeschätzt. Das *Feedback* und der *Informationsrückfluss* zur Nutzerin bzw. zum Nutzer sollten zukünftig gesteigert werden. Nicht nur in der *Fehlerbehebung*, sondern auch in der *Selbstbeschreibungsfähigkeit* möchte die Nutzerin und der Nutzer offenbar mehr Informationen erfahren. Hier sollten situationsspezifische Erklärungen zukünftig weiterhelfen.

---

[16]   Ein System mit Funktionen des stationären NELs und des derzeitigen Systems, zum Beispiel der Wahlmöglichkeit zwischen Touch oder Tastatur.

Es sind Aussagen im Interview getroffen worden, bei denen die Probandin bzw. der Proband die Vorzüge des derzeitigen Systems aufzählt. Bei näherer Betrachtung werden aber Gründe genannt, die eher für das stationäre NEL sprechen. Ist eine Aufgabe erfolgreich mit dem NEL erledigt worden, werden dennoch bekannte Bedienabläufe vermisst und als fehlend deklariert. Obwohl diese Bedienabläufe zum Lösen einer Aufgabe nicht benötigt werden, sind es zum Teil genau diese fehlenden Bedienabläufe, die in dem Kontext des neuen stationären NELs bewertet werden. Aus Sicht der Leitstelle wird oftmals ignoriert, dass auf der mobilen Seite Smartphones eingesetzt werden, welche die Geopositionen exakt anzeigen können. Hier wird subjektiv bei einigen Probandinnen und Probanden die sprachliche übermittelte Position als genauer empfunden als die versendeten Geokoordinaten. Die fehlende Rückmeldeinformation könnte an dieser Stelle Auswirkungen auf die subjektiv empfundene Genauigkeit haben.

Das Einsatzauftragsmenü wird mittels eines Fadenkreuzes auf der Karte positioniert. Anhand dieser Position wird der Einsatzort deklariert. Anstatt die Karte mit dem Menü zu verschieben, wird oftmals das Einsatzauftragsmenü verschoben, um es mittig im Display zu haben. Dies würde aber auch eine Veränderung des Einsatzortes auslösen. Hier bedarf es einer Verbesserung des Bedienkonzeptes.

Es gab Probleme bei der Unterscheidung zwischen dem Fadenkreuz zum Setzen einer neuen Position und jenem zum Setzen eines Einsatzauftragsmenüs. Die Differenz zwischen den UI-Elementen wurde nicht von allen Probandinnen und Probanden erkannt. Hier sollten noch deutlicher grafisch differenzierte Merkmale der UI-Elemente Abhilfe schaffen. Es ist aber auch davon auszugehen, dass diese Probleme nach einer längeren Nutzungsphase verschwinden.

Die Einschätzung der Selbstbeschreibungsfähigkeit fiel auch beim neuen stationären NEL in der Usability-Bewertung recht schlecht aus. Durch die Neuartigkeit der Bedienung war die Erstellung eines UI-Objektes durch einen *Touch-Tap* oder eine *Drag-und-Drop-Bewegung* für die Nutzerin bzw. den Nutzer oftmals etwas überraschend. Die UI-Objekte, die bei einer Berührung erstellt werden, sollten vorher schon der Nutzerin und dem Nutzer visualisiert werden. So weiß die Nutzerin bzw. der Nutzer, welches Element bei einer Berührung auftaucht, und kann das Funktionale mit dem Visuellen besser verknüpfen. Integrierte Hilfestellungen mit einer Anzeigevorschau oder Ähnlichem können die Nutzerin und den Nutzer

auf das zukünftige Geschehen bei einer Berührung vorbereiten. Eventuelle Fehl-
bedienungen können so vermieden werden. Die Fehlertoleranz wurde ebenfalls
nicht ausreichend positiv bewertet. Dahingehend hat die Studie wichtige Hinweise
geliefert.

Die Zoom-Funktion der Karte ist bei der Entwicklung entfernt worden. Neben der
Verschiebung der Karte und des Menüs sowie dem Drehen des Menüfeldes schien
ein Zoom-In und -Out mit einer Geste als zu überladen. Hier offenbarte die Studie
eine Fehlentscheidung der Softwareentwicklung. Die Nutzerin bzw. der Nutzer
wollte bei den Aufgaben mit einer *Zwei-Hand-* oder eine *Zwei-Finger-Gestensteu-
erung* den *Karten-Zoom* bedienen, was daran liegen könnte, dass diese Funktion
heutzutage bei Smartphones und Tablets zum Standardfunktionsumfang gehören.

Der Übergang zur NUI-Bedienung fällt an Maus und Tastatur gewöhnten Personen schwer. So war eine wiederholt gestellte Frage, ob sich die bestehende Software mit einem Multi-Touch-Tisch bedienen lässt. Es wird übersehen, dass zum
Lösen der Aufgabe keine Tastatur nötig ist. Der Einsatzauftrag kommt bereits digital an und eine Digitalisierung des Sprechfunks ist nicht nötig. Die Befragten
erwähnten im Interview dennoch das Fehlen der Tastatur.

7.2   Nutzerstudie 2 – mobiles NEL

Die zweite Nutzerstudie ist während des Events eines Langstreckenlaufs in Berlin mit den Rettungskräften der Johanniter-Unfall-Hilfe e.V. in einem Unfallhilfezelt durchgeführt worden. Die Durchführung während eines Events hat den Vorteil, dass sich die Probandinnen und Probanden unmittelbar in einer realen Einsatzumgebung befinden und entsprechende Aufgaben an dem neuen System mit ihren Einsatzuniformen und weiterem Equipment durchführen müssen.

7.2.1   Fragestellung

Lösungsweg Teil 1

Es wird geprüft, ob mit dem Smartphone der mobilen Einsatzkraft gebrauchstauglicher und unter weniger Beanspruchung der Einsatzkraft Daten entgegengenommen werden können als mit der bisherigen Datenübermittlung via Sprechfunkkommunikation. Anhand des *Szenarios Positionsänderung mobil vor Ort* wird der folgenden Forschungsfrage nachgegangen:

1. Führt die Entgegennahme einer georeferenzierten Einsatzposition am mobilen NEL zu einer gebrauchstauglicheren und mit weniger Anstrengung zu bewältigenden Aufgabendurchführung als der Informationsempfang über den Sprechfunk?

Lösungsweg Teil 2

Die Digitalisierung von Informationen vor Ort soll zu einem optimierten Informationsaustausch führen. Die ausschließlich sprachliche Übermittlung der Information ist zeitaufwendig und fehleranfällig; die Information kann unkonkret sein. Sie soll daher digital in das mobile NEL eingegeben werden. Anhand des *Szenarios Einsatzauftragserstellung mobil vor Ort* wird die zweite Forschungsfrage geklärt:

2. Beansprucht die Informationseingabe die Einsatzkräfte vor Ort mit dem mobilen NEL weniger als die Übertragung der Information über Sprechfunk und ist diese Informationseingabe gebrauchstauglich?

Lösungsweg Teil 3

Ein mobiles NUI soll die Eingabe von Informationen und die Betrachtung der Lage vor Ort gebrauchstauglich gestalten und dabei die Beanspruchung der Nutzerin und des Nutzers senken. Das *Szenario Informationsempfang mobil vor Ort* beinhaltet eine Informationsentgegennahme und eine Statusänderung und eignet sich dafür, die Gebrauchstauglichkeit der Bedienung zu prüfen. Nachgegangen wird demnach der dritten Forschungsfrage:

3. Ist die Informationseingabe und -betrachtung mit dem mobilen NEL gebrauchstauglicher und weniger anstrengend im Einsatzgeschehen vor Ort?

7.2.2   Methode

Die Probandinnen und Probanden bewerten mittels zwei Fragebögen die Usability der mobilen Systeme. Der Versuchsablauf, die Stichprobe und das Versuchsdesign stimmen weitgehend mit der Nutzerstudie 1 überein und werden daher nur in Stichpunkten beschrieben.

7.2.2.1   Versuchsablauf

- **Phase 1:** Fragebogen zur Erfassung demografischer Daten / Isonorm-Fragebogen und Fragebogen zur Beanspruchung zum derzeitigen Handfunkgerät
- **Phase 2:** Instruktionen und Einarbeitung am mobilen NEL (*10-Stufen-Instruktion* siehe Anhang, Abbildung 38, S.149)
- **Phase 3:** Untersuchungsaufgaben mit strukturiertem Interview
- **Phase 4:** Isonorm-Fragebogen und Fragebogen zur Beanspruchung zum mobilen NEL
- (**Phase 5:** Ein zusätzliches Interview entfällt bei dieser Nutzerstudie.)
- **Dokumentation:** Videoaufnahme und Think-Aloud-Methode

7.2.2.2   Stichprobe und Versuchsdesign

- Die Stichprobe umfasst acht Probandinnen und Probanden, die während der Untersuchung aktiv im Unfallhilfezelt tätig sind.

- Die Veränderung des Systems ist die unabhängige Variable der Nutzerstudie.
- Abhängige Variablen sind das Ausmaß der Systemnutzung (Gebrauchstauglichkeit) und die Beanspruchung bei der Systemnutzung.
- Versuchsdesign ist das *within-subject-design*.
- Die ProbandInnengruppe aus Nutzerstudie 1 ist nicht dieselbe wie bei Nutzerstudie 2.

7.2.2.3 Hypothesen

Hypothese 1: Die georeferenzierten Einsatzpositionen führen zu einer gebrauchstauglicheren und weniger anstrengenden Aufgabendurchführung mobil vor Ort als ohne Georeferenzen.

Hypothese 2: Die Informationseingabe ist über das mobile NEL am Einsatzort gebrauchstauglicher und unter weniger Beanspruchung der Einsatzkraft durchzuführen als die Informationsübermittlung per Sprechfunk.

Hypothese 3: Natural User Interfaces für mobile Geräte führen zu einer gebrauchstauglicheren und unter weniger Beanspruchung durchzuführenden Informationseingabe und -betrachtung im Einsatzgeschehen vor Ort.

7.2.3 Ergebnisse und Auswertung

7.2.3.1 Usabillity – Isonorm-Fragebogen

Mittels Isonorm-Fragebogen wurde die Nutzung des neuen mobilen NELs im Vergleich zur Nutzung des bisherigen Handfunkgeräts bewertet. Die Bewertungen der beiden mobilen Systeme weichen deutlicher voneinander ab als die Bewertungen der beiden Systeme in der Leitstelle.

Bei den mobilen Systemen gibt es eine Präferenz des neuen Smartphone-Systems (mobiles NEL), wie das Balkendiagramm in Abbildung 34 illustriert. Die Mittelwerte über alle Dimensionen sind beim mobilen NEL deutlich höher als beim derzeitigen Handfunkgerät.

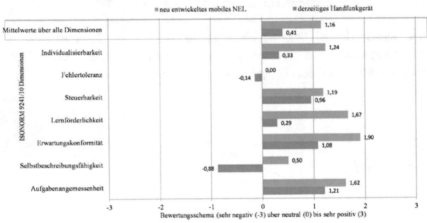

Abbildung 34 Balkendiagramm zu den Isonorm-Fragebogenergebnissen
(Vergleich mobiles NEL mit dem derzeitigen Handfunkgerät)

Die *Selbstbeschreibungsfähigkeit* und die *Fehlertoleranz* erzielen nur einen neutralen bis leicht positiven Wert beim mobilen NEL, was auf Verbesserungspotenzial hinweist.

Die Daten werden mit einem t-Test ausgewertet. Das Signifikanzniveau wird wieder bei 5 % festgelegt. Der t-Test über alle sieben Dimensionen[17] des Isonorm-Fragebogens hinweg ergibt einen *Signifikanzwert* von 2,6 % (Tabelle 12) und unterschreitet das Signifikanzniveau. Das Ergebnis verweist auf einen signifikanten Unterschied zugunsten des mobilen NELs.

Tabelle 13 Nutzerstudie 2 (mobil) t-Test-Ergebnisse Isonorm-Fragebogen

Dimension	Signifikanzwert (p-value)	Testgröße (t-Statistik)	Freiheits-grade (df)
Aufgabenangemessenheit	20,1 %	-0,90	6
Selbstbeschreibungsfähigkeit	4,2 %	-2,06	6
Erwartungskonformität	4,5 %	-2,03	6
Lernförderlichkeit	2,7 %	-2,39	6
Steuerbarkeit	17,9 %	-0,99	6
Fehlertoleranz	21,3 %	-0,21	6
Individualisierbarkeit	2,7 %	-2,45	6
über alle Dimensionen	2,5 %	-2,42	6

Informationen über die t-Tests	- Zweistichproben t-Test bei abhängigen Stichproben (Paarvergleichstest) - Erwartungsbereich von 95 % - einseitige Verteilung - Nullhypothese besagt, dass die Mittelwerte der Grundgesamtheiten gleich sind

Nach den einzelnen Dimensionen des Isonorm-Fragebogens liegen die *Selbstbeschreibungsfähigkeit,* die *Lernförderlichkeit,* die *Erwartungskonformität* und die *Individualisierbarkeit* unter dem 5 %-Signifikanzniveau. In diesen Kategorien (Dimensionen) kann von einer Verbesserung mit mobilen NELs gesprochen wer-

---

[17] Die Werte aller sieben Dimensionen des Isonorm-Fragebogens (short) je Probandin und Proband werden gemittelt und diese Mittelwerte aller Probandinnen und Probanden werden bei den t-Tests verwendet.

den. Die *Fehlertoleranz, Steuerbarkeit* und *Aufgabenangemessenheit* sind bei beiden Systemen ähnlich bewertet worden und weisen daher keinen signifikanten Unterschied auf.

(Die Ergebnistabellen sind im Anhang *A.8 Nutzerstudie 2 (mobil) Isonorm-Fragebogenergebnisse, S.156*, zu finden.)

7.2.3.2   Beanspruchung – Fragebogen und SEA-Skala-Antworten

Es wurden fünf Fragen zur Beanspruchung nach der Nutzung des derzeitigen Systems und nach der Nutzung des mobilen NELs gestellt (Abbildung 35). Am stärksten ist der Unterschied bezüglich der Lagebeurteilung bei den mobilen Einsatzkräften. Hier gibt es bislang nur sehr wenig Hilfestellung zur Beurteilung einer Lage für die Einsatzkräfte vor Ort. Die Einschätzungen zur empfundenen Anstrengung bei der Lagebeurteilung fallen dahingehend sehr unterschiedlich aus.

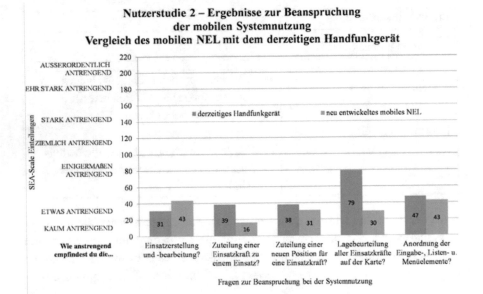

Abbildung 35 Ergebnisse zur Beanspruchung bei der mobilen Systemnutzung

Die Ergebnisse werden auch hier mittels t-Test verglichen. Der t-Test über alle Fragestellungen[18] hinweg ergibt einen *Signifikanzwert* von 4,8 % (Tabelle 13) und unterschreitet das Signifikanzniveau. Das bedeutet, dass das mobile NEL sich mit weniger Anstrengung nutzen lässt als das Handfunkgerät. Die Lagebeurteilung und die Zuteilung einer Einsatzkraft erzielen die besten Einschätzungen hinsichtlich einer Verbesserung der Unterstützung der Arbeitsabläufe. (Die Ergebnistabellen sind im Anhang A.9 Nutzerstudie 2 (mobil) Fragebogenauswertung zur Beanspruchung bei der Systemnutzung, S.158, zu finden.)

Tabelle 14 Nutzerstudie 2 (mobil) t-Test-Ergebnisse zu Beanspruchung der Systemnutzung

Nutzerstudie 1 (stationäre) t-Test-Ergebnisse zur Beanspruchung der Systemnutzung			
Zweistichproben t-Test bei abhängigen Stichproben (Paarvergleichstest)			
Dimension	Signifikanz-wert (p-value)	Testgröße (t-Statistik)	Freiheits-grade (df)
Wie anstrengend empfindest du die Einsatzerstellung und -bearbeitung?	29,2 %	-0,58	6
Wie anstrengend empfindest du die Zuteilung einer Einsatzkraft zu einem Einsatz?	2,9 %	2,35	6
Wie anstrengend empfindest du die Zuteilung einer neuen Position für eine Einsatzkraft?	17,8 %	1,00	6
Wie anstrengend empfindest du die Lagebeurteilung aller Einsatzkräfte auf der Karte?	0,6 %	3,57	6
Wie anstrengend empfindest du die Anordnung der Eingabe-, Listen- und Menüelemente?	33,9 %	0,44	6
alle Fragestellungen zusammen	4,8 %	1,97	6

---

[18] Die Werte aller fünf Fragen des Fragebogens werden je Probandin und Proband gemittelt und diese Mittelwerte aller Probandinnen und Probanden werden bei den t-Test verwendet.

Notizen zu den t-Tests	- Erwartungsbereich von 95 % - einseitige Verteilung - Nullhypothese besagt, dass die Mittelwerte der Grundgesamtheiten gleich sind

7.2.3.3   Ergebnisse des strukturierten Interviews (Versuchsablauf Phase 2)

Jede Probandin und jeder Proband hat nach jeder Aufgabendurchführung eine Priorität genannt, d. h. für das Smartphone des mobilen NEL oder für das derzeitige Handfunkgerät gestimmt.

Die Auswertung (Tabelle 14) des strukturierten Interviews ergibt, dass 76 % aller Antworten auf eine Favorisierung des neuen mobilen NELs verweisen, 18 % auf die Präferenz einer möglichen hybriden Variante.

Hybridsystem

In der hybriden Variante wird das Smartphone akzeptiert, sollte aber mit den Funktionen des Handfunkgeräts in einem Gerät vereint werden. Die hybride Variante wurde in die Auswahl mit aufgenommen, da mehrere Probandinnen und Probanden diese Idee formulierten.

Bei 5 % der Antworten wird das bisherige Handfunkgerät bevorzugt. Bei 19 % der Antworten wurde keine Äußerung einer Bevorzugung getroffen.

Tabelle 15 Auswertung des strukturierten Interviews
Stimmen für das stationäre NEL oder das derzeitige System

Aufgabe\System	neues System	Hybrid-system[19]	derzeitiges System	Enthal-tung
Positionsänderung mobil vor Ort (Lösungsweg Teil 1 – *Verbesserung des Lageüberblicks*)	7			
Informationsempfang mobil vor Ort (Lösungsweg Teil 2 – *optimierter Informationsaustausch*)	2	2		3
Einsatzauftragserstellung (Lösungsweg Teil 3 – *gebrauchstaugliche Nutzerinteraktion*)	4	1	1	1
Stimmen von allen Probandinnen bzw. Probanden in Prozent, gerundet	62 %	14 %	5 %	19 %

Hypothese 1: Die Hypothese, dass die georeferenzierten Positionsangaben zu mehr Gebrauchstauglichkeit des Systems und weniger Beanspruchung der Einsatzkraft bei der Aufgabendurchführung mobil vor Ort führen als Angaben ohne Georeferenzen, kann bestätigt werden. Für die Mitteilung zur Positionsänderung haben sich alle Probandinnen und Probanden ausgesprochen. Dies wurde anhand der Aufgabenstellung aus dem Szenario *Positionsänderung mobil vor Ort* überprüft und mit dem strukturierten Interview erfasst.

Hypothese 2: Die zweite Hypothese besagt, dass die Informationseingabe über das mobile NEL am Einsatzort gebrauchstauglicher ist und unter weniger Beanspruchung durchzuführen ist als die Informationsübermittlung per Sprechfunk.

---

[19]   Ein System mit Funktionen des stationären NELs und des derzeitigen Systems, zum Beispiel der Wahl zwischen Touch oder Tastatur.

Hier besteht über den neuartigen Informationsempfang im Vergleich zum Empfang von Sprechfunk-Informationen eine geteilte Meinung. Es kann daher keine klare Aussage getroffen werden, ob sich die Hypothese bestätigt.

Hypothese 3: Laut dritter Hypothese wird von den Natural User Interface eine gebrauchstauglichere und unter weniger Beanspruchung durchzuführende Informationseingabe und -betrachtung erwartet. In der Aufgabenstellung zum *Szenario Einsatzauftragserstellung* sprechen sich fünf von sieben Befragten für das neue mobile NEL aus. Die Mehrheit stimmt dieser Aussage demnach zu; die Hypothese wäre zu bestätigen.

7.2.4   Diskussion

Die Verwendung von Smartphones als ein Teil des Leitstellensystems ist völlig neuartig. Zudem beinhaltet das mobile NEL eine prototypische Software und ein Konzept mit neuen Arbeitsabläufen. Durch die enorme Veränderung spielen viele Faktoren bei der subjektiven Bewertung eine Rolle. Die Positionsübermittlung und der Lageüberblick über alle anderen Einsatzkräfte wurden sehr positiv und als gebrauchstauglich bewertet. Maßgeblich ist hier, dass die Positionsübermittlung zur Anreicherung der Lagedaten beiträgt. Die Karte für die Orientierung im Einsatzgeschehen zu nutzen, wurde dabei besonders hervorgehoben. Des Weiteren wird die Positionsübermittlung durch die Erfassung per GPS für neue Zielstandorte der Einheit als exakter und schneller empfunden.

Für die bislang prototypische Umsetzung sind einige Verbesserungshinweise aus der Evaluation abzuleiten. Die *Fehlertoleranz* des mobilen NELs muss verbessert werden. Aus der Usability-Befragung geht hervor, dass die Nutzerinnen und Nutzer mehr Hinweise und Rückmeldungen von der Smartphone-Anwendung erhalten wollen über das, was gerade mit der Bedienung durchgeführt wird oder was gemacht werden kann, insbesondere, wenn ein Fehler ersichtlich ist.

Die sehr hohen Werte bei der *Erwartungskonformität* bestätigen eine sichere Bedienung des Smartphones. Es gab keine auffälligen Fehlinterpretationen der vorhandenen Funktionen. Es wurde im Interview oft geäußert, dass viele Metainformationen zu den Einsätzen noch fehlen. Es fiel den Probandinnen bzw. Probanden

schwer, nur anhand der reduzierten Variante eines Prototyps die Aufgaben durchzuführen.

7.3   Gesamtauswertung der Nutzerstudien

7.3.1   Gesamtauswertung zum *verbesserten Lageüberblick* (Lösungsweg Teil 1)

Der Lageüberblick soll durch den Austausch der georeferenzierten Positionsangaben verbessert werden. Tabelle 16 fasst für das Szenario *Positionsänderung* die
Qualität und der Quantität der Aufgaben und die Bewertung beider Nutzerstudien
zusammen.

Tabelle 16 Zusammenfassung der Szenarien zur Positionsübermittlung

	derzeitiges System	neues System
Qualität	1. Betrachtung der Positionen auf der Karte 2. Sprachliche Übermittlung einer Position 3. Bestätigung und Rückmeldung vorhanden	1. Betrachtung der Positionen auf der Karte 2. Übermittlung einer Position per *Drag-und-Drop* 3. Derzeit keine Rückmeldung vorhanden
Quantität	1. Sehr zeitaufwendig, Positionen zu erfassen 2. Schwierigkeiten bei der Beschreibung der Positionen	1. Sehr zeitgeringe Bearbeitung mit den Positionen 2. Systemautomatisierte Positionsübermittlung
Bewertung (Gesamtzahl abgegebener Bewertungen: 16)	Keine Zustimmung	12 Zustimmungen (75 %)
	2 Stimmen für eine hybride Lösung und 2 Enthaltungen	

In den Interviews wurde das System in der Leitstelle insbesondere von den leitenden Einsatzkräften als sehr geeignet eingeschätzt, da diese Personen den Überblick über die Gesamtsituation erfassen müssen. Dennoch ist nur beim mobilen Systemvergleich ein signifikanter Unterschied belegt.

Ein weiterer Aspekt bei der Bewertung des Lageüberblicks ist die Positionsübermittlung speziell bei der Einsatzauftragserstellung. Hier wurde in den Evaluationen das Problem fehlender Hausnummern an Häusern erkannt. In der Dokumentation (7.1.2.1 Versuchsablauf, S.95) sind hierzu weitere Äußerungen festgehalten, zum Beispiel, dass Eckgrundstücke oder öffentliche Plätze sehr schwer über exakte Positionen zu beschreiben sind. Daher sehen die Befragten die Standortermittlung mit Geokoordinaten zwar als eine positive Ergänzung. Negativ an der neuen Software wird aber der festgelegte Ablauf empfunden, nach dem ein Einsatzauftrag zuerst auf der Karte erstellt werden muss, um überhaupt Daten eingeben zu können. Somit muss schon direkt die richtige Position auf der Karte gefunden werden. Daher sollte ein Einsatzauftragsmenü zunächst auch ohne festgelegte Position geöffnet werden können.

Die Nutzerstudien haben insgesamt gezeigt, dass mittels des mobilen und stationären NELs der Lageüberblick verbessert wurde.

7.3.2 Gesamtauswertung zum *optimierten Informationsaustausch* (Lösungsweg Teil 2)

Vier von sieben mobilen Einsatzkräften mit Smartphones vor Ort sprechen sich für die Einsatzauftragserstellung per Smartphone aus. Nur eine Einsatzkraft befürwortet das derzeitige System. Bei der Leitstelle wird ein deutlicher Vorteil für die schon digital hereinkommenden Daten erkannt. Insbesondere das Eintippen der Informationen der Feuerwehr, die die Leitstelle der Johanniter-Unfall-Hilfe e.V. gefaxt bekommt, ist offensichtlich eine unerwünschte und fehleranfällige Aufgabe.

Hinsichtlich der Beanspruchung, welche die Systemnutzung mit sich bringt, gibt es keine signifikanten Unterschiede. Die Leitstellen werden im *Szenario Einsatz-*

bearbeitung nicht mehr belastet als mit dem derzeitigen System. Die mobilen Einsatzkräfte vor Ort müssen für den *optimierten Informationsaustausch* die Informationen *(Szenario mobile Einsatzauftragseingabe)* eingeben, statt diese sprachlich zu übermitteln. Das macht ebenfalls keinen Unterschied hinsichtlich der Beanspruchung bei der Systemnutzung.

Somit spricht nach diesen Erkenntnissen nichts gegen eine Einführung einer mobilen Informationseingabe ins Leitstellensystem vor Ort. Festzuhalten ist aber, dass der Rückmeldefluss zu verbessern ist. Es fehlt den Einsatzkräften bei dieser Tätigkeit die Sprechfunkkommunikation. Sie dient zur Vergewisserung und Sicherstellung, dass ein Sachverhalt korrekt verstanden wurde. Einen Bestätigungsvorgang der digital einkommenden Meldungen sollte das System leisten können. Auch dies sind wichtige Hinweise, die durch die Nutzerstudien erfasst wurden.

7.3.3 Gesamtauswertung zur *gebrauchstauglichen Nutzerinteraktion* (Lösungsweg Teil 3)

Die neuen Systeme werden bezüglich der Gebrauchstauglichkeit gleichwertig bis besser bewertet. Bei Betrachtung aller Dimensionen des Isonorm-Fragebogens zusammen ergibt sich eine signifikante Verbesserung durch das neu entwickelte mobile System. Daher kann gesagt werden, dass die Verwendung von Multi-Touch-Tischen und Smartphones eine Erleichterung bei der Bewältigung der Aufgaben in der Leitstelle und vor Ort bewirkt. Weiterhin können die zwei Problematiken bei der *Informationsdarstellung* und dem *Informationsaustausch* behoben werden. Die Einsatzkräfte können vom *verbesserten Lageüberblick* (Lösungsweg Teil 1) und dem *optimierten Informationsaustausch* (Lösungsweg Teil 2) profitieren, ohne dass durch die neuen Nutzerschnittstellen Mehraufwand entsteht. Der Mehraufwand vor Ort, der wegen der Informationseingabe entsteht, wird nicht als hinderlich betrachtet. Durch den dritten Teil des Lösungswegs, den Einsatz von Natural User Interfaces, können die Aufgaben einer Einsatzkraft gleich gut bis besser gehandhabt sowie teils mit weniger Anstrengung bewältigt werden.

8   Zusammenfassung

Mit den Erkenntnissen aus den Evaluationen in den Leitstellen der Polizei und der Leitstelle der Johanniter-Unfall-Hilfe e.V. wurden zwei Probleme erfasst. Diese Probleme beziehen sich zum einen auf die fehlenden oder geringfügig verwendeten Informationen im Lageüberblick. Zum anderen ist der vorwiegend sprachliche Informationsaustausch mit Schwierigkeiten behaftet.

Anhand der Evaluationen wurde festgestellt, dass das Leitstellensystem bei der Johanniter-Unfall-Hilfe e.V. in Berlin Analogien mit dem Einsatzleitzentralensystem der Polizei Berlin aufweist. Auch sind die durchgeführten Arbeitsprozesse sehr ähnlich. Es ließen sich drei Szenarien für die Leitstelle und drei Szenarien für den mobilen Einsatz ableiten.

Das Ziel bestand darin, die Probleme bei der *Informationsdarstellung* und dem *Informationsaustausch* durch die Konzeption des neuen NEL-Systems zu beheben. Smartphones und Multi-Touch-Tische wurden als neue Endgeräte im Kontext des Polizei-, Hilfs- und Rettungsdienstes vorgestellt. Es wurden zwei Natural User Interfaces gewählt, welche unter hoher Gebrauchstauglichkeit die Eingaben und den Informationsabruf in jeder Einsatzsituation unter weniger Anstrengung durchführbar machen sollten.

Für das mobile NEL und das stationäre NEL wurden Anwendungen entwickelt und Nutzeroberflächen gestaltet. Es sind für den Anwendungsfall neue UI-Elemente entworfen und implementiert worden. Die mobilen und stationären Nutzerinteraktionen wurden neu konzipiert und entwickelt. Dafür sind Gestensets ausgearbeitet, neue Kommunikationsstrukturen entwickelt sowie geeignete Kommunikationstechniken eingesetzt worden. Die Programmierung der Serverkommunikation erfüllt zugleich die Voraussetzung, bei Bedarf flexibel Endgeräte und Funktionen in das Gesamtsystem einzubinden. So kann beispielsweise in der Leitstelle

© Springer Fachmedien Wiesbaden GmbH, ein Teil von Springer Nature 2018
M. Gebler, *Georeferenziertes Disponieren mit nutzerfreundlichen, mobilen und stationären Multi-Touch-Systemen*, https://doi.org/10.1007/978-3-658-21879-9_8

ein zweiter oder dritter Multi-Touch-Tisch die Multi-Touch-Tisch-Anwendung ergänzen. Die Verwendung einer beliebigen Anzahl von Smartphones mit der entwickelten App ist ebenfalls möglich. Hierfür bedarf es keiner weiteren Entwicklungsarbeit, denn hierfür sind mit einer strukturierten Softwarearchitektur alle nötigen Vorkehrungen getroffen worden. Die entwickelte serverinitialisierte Kommunikation lässt es zu, die Entscheidungslogik für die Kommunikation zentral über den Server zu steuern. Mit der *Windows Communication Foundation (WCF)* und dem *Windows Push Notification Service (WNS)* wird der Datenaustausch zwischen den Systemen durchgeführt. Die Verwendung dieser Techniken hat sich in der prototypischen Entwicklung als geeignet erwiesen.

Schlussendlich wurden in zwei Nutzerstudien das mobile und das stationäre NEL im Vergleich mit den derzeitigen verwendeten Systemen untersucht. Die Nutzerstudien mit den potenziellen zukünftigen Nutzerinnen und Nutzern zeigen, dass es möglich ist, die Einsatzbearbeitung mit dem mobilen und dem stationären NEL in realitätsnahen Situationen mit exemplarisch ausgewählten Aufgaben erfolgreich durchzuführen.

8.1   Fazit

Problemstellung bei der Informationsbetrachtung

Ein wesentlicher Punkt der Kritik am aktuellen Leitstellensystem ist der mangelhafte Lageüberblick. Die Lage kann nun mithilfe des mobilen NEL vor Ort und mit dem stationären NEL in der Leitstelle beurteilt werden. Der Lageüberblick kann mit den georeferenzierten Informationen erweitert werden. Der erwartete Mehrwert beim Lageüberblick ließ sich im Zuge der Usability-Bewertung, bei der Messung der Beanspruchung der Einsatzkräfte bei der Systemnutzung und im Rahmen der strukturierten Interviews mit den Probandinnen und Probanden erfassen. Die Verknüpfung jeder Information mit den Positionen auf der digitalen Karte wirkt sich positiv auf die Beanspruchung der Einsatzkraft bei der Systemnutzung aus.

Die gegebene Problematik kann durch den dreiteiligen Lösungsweg behoben werden. Die Nutzerstudie verweist auf eine Verbesserung hinsichtlich des Lageüberblicks.

Problemstellung beim Informationsaustausch

Den vielen unterschiedlichen situativen Handlungsweisen ist geschuldet, dass es kein klares Votum für oder gegen eine Sprechfunkkommunikation gibt. Die Informationseingabe vor Ort mit den Smartphones ist gebrauchstauglich durchführbar. Es besteht kein Mehraufwand gegenüber dem derzeitigen Vorgehen.

Sollte die Leitstelle Einsatzaufträge nicht umgehend bearbeiten können, müssen momentan neue Informationseingaben warten. Sobald die Einsatzkraft der Leitstelle Zeit erübrigen kann, mit der Einsatzkraft vor Ort zu sprechen (*„dem Sprechwunsch Folge zu leisten"*, *2.1.1* Einsatzkommunikation, *S.8*), kann möglicherweise die Einsatzkraft vor Ort die Information nicht erläutern, weil die Einsatzsituation alle Aufmerksamkeit absorbiert. Die Information hätte aber schon vorher in das System eingegeben werden können, ohne auf die Leitstelle warten zu müssen. Genau dabei zeigt sich der Mehrwert einer mobilen Informationseingabe vor Ort.

Diese konzeptuelle Änderung ist ein wesentlicher neuer Beitrag zum Forschungsstand und wurde nun anhand der Nutzerstudien überprüft. Das Ergebnis lautet, dass dieses Vorgehen für die Einsatzbearbeitung in Betracht gezogen werden sollte. Das festgestellte Problem beim Informationsaustausch kann mit dieser konzeptuellen Änderung behoben werden. Die Nutzerstudien zeigen, dass das Meinungsbild zu der Änderung des Informationsaustausches heterogen ist. Doch zeigten sich mehr als die Hälfte der Probandinnen und Probanden dem neuartigen Vorgehen gegenüber aufgeschlossen. Eine nachweisliche positive Verbesserung in der Usability und in der Beanspruchung bei der Systemnutzung.

8.2   Diskussion

Die Nutzerinnen und Nutzer haben den Mehrwert, den das neue System generiert, und die damit einhergehende Lösung der zwei Probleme erkannt. Die Nutzerstudie ist sehr realitätsnah durchgeführt worden, was die subjektive Einschätzung erleichtern sollte. Die Nutzerrinnen und Nutzer haben sich größtenteils für die neuen Systeme ausgesprochen. Dieser Erfolg kann auf die Problemlösungen oder auch auf die Verwendung der Natural User Interfaces zurückzuführen sein. Die Mehrheit der Befragten haben sich für die natürlichen Nutzerschnittstellen ausgesprochen.

Die Untersuchung auf objektiver Ebene ist schwierig. Die Bearbeitungszeiten wurden unter realen Bedingungen mithilfe einer Videoaufzeichnung versucht zu erfassen. Ein Vorgang ist schwer von anderen parallel laufenden Vorgängen zu trennen. Aber genau diese parallel bearbeiteten Vorgänge gehören zum Alltag der Einsatzkraft in der Leitstelle. Die Studien sind mit sehr kleinen Probandengruppen durchgeführt worden. Dennoch haben die subjektiven Einschätzungen zahlreiche Ergebnisse geliefert.

8.3   Ausblick

Das entwickelte System (im Sinne des gesamten NEL) kann in der organisationsübergreifenden Einsatzdurchführung zukünftig eine zentrale Rolle spielen. Die Prozesse und Abläufe begrenzt auf Polizei und eine Hilfs- und Rettungsorganisation vorab zu betrachten, konnte wichtige Hinweise geben. Die Analogien der bisherigen Systeme und der Arbeitsprozesse weisen auf die Übertragbarkeit der Forschungsresultate auf andere Behörden und Organisationen hin. Insbesondere die Informationen des Lageüberblicks sollten sich nicht nur auf eine Behörde oder eine Organisation beschränken. Die diversen Einzellösungen jeder Behörde und jeder Organisation sind spätestens beim Thema Datenaustausch hinderlich. Polizei, Feuerwehr und Hilfs- und Rettungsdienste müssen oftmals zusammenarbeiten und sollten folglich auch auf Basis gemeinsamer, untereinander ausgetauschter Informationen arbeiten. Das Potenzial eines übergreifenden Informationsaustausches unter mehreren Behörden und Organisationen kann mit den diskutierten neuen Systemen umgesetzt werden.

Die Verwendung neuer Systeme mit neuen Endgeräten wird zukünftig die organisationsübergreifende Arbeit verbessern. Auch die Bedienung der Nutzerschnittstellen kann noch weiter verbessert werden und die Schnittstellen können damit noch gebrauchstauglicher werden. Die Tracking-Marker sind eine innovative Lösung, die zeigt, inwiefern mit Natural User Interfaces zusätzlich interagiert werden kann. Innerhalb einer Hilfs- und Rettungsorganisation variieren beispielsweise diese Tracking-Marker zwischen den verschiedenen Hilfs- und Rettungswagen sowie den temporären Rettungsstellen. Das System des *Samsung Sur40 with Pixelsense-Technology* überträgt mittels eines eingelesenen Codes auf der Unterseite der Tracking-Marker die Information an die Anwendung. Anstatt dass die Nutzerin bzw. der Nutzer selbst einen Einsatzauftrag mit Informationen bestückt, kann ein Tracking-Marker an eine gewählte Position auf der Karte gesetzt werden. Systemautomatisiert wird ein Einsatzauftrag erstellt und mit möglichst vielen vorbereiteten Informationen aus den jeweiligen Tracking-Markern initiiert. Die Bedienung mit einem Tracking-Marker kann eine Geschwindigkeitserhöhung und eine intuitivere und fehlerminimierende Handhabung im Vergleich zur herkömmlichen Einsatzinformationseingabe bewirken. Dies wäre ein weiterer Ansatz zur Verbesserung eines Leitstellensystems, den es mit Usability-Untersuchungen zu überprüfen gilt.

Die Usability und speziell die User-Experience müssen mit in die Entwicklung einfließen. Es ist weniger interessant, mit welchem System sich schneller Daten übermitteln lassen. Vielmehr müssen die Daten besser aufbereitet sein; die Nutzerinnen und Nutzer müssen zufrieden mit dem System sein und das Gefühl haben, damit sicher arbeiten zu können.

Danksagung

Mein herzlicher Dank gilt allen Beteiligten für die Unterstützung dieser Arbeit und für die tolle Zusammenarbeit.

Ich möchte mich ganz besonders bei Herrn Professor Dr. Thüring und Frau Professorin Dr. Görlitz bedanken, deren umfangreiche Betreuung mir nicht nur bei der Durchführung dieser Arbeit geholfen hat, sondern deren wegweisende Ratschläge die erfolgreiche Umsetzung gewährleistet haben.

Ohne die Beuth Hochschule für Technik Berlin und die dort angesiedelten Forschungsprojekte wäre ich nach dem Studium nicht in die Forschung und Entwicklung gegangen. Daher möchte ich Frau Professorin Dr. Görlitz ausdrücklich dafür danken, dass sie mir den Einstieg in die Forschung ermöglicht hat und mich über die letzten Jahre und insbesondere in der Promotionszeit so großartig unterstützt hat.

Mein Dank gilt Herrn Professor Thüring, der meine Promotion betreut hat und mir damit auch die Chance gab, neues Wissen aus dem Bereich *Human Faktors* zu erlangen. Dank seiner Unterstützung konnte die Arbeit auf den Themen der Informatik und der Psychologie und Arbeitswissenschaft aufbauen.

Auch möchte ich mich bei Herrn Professor Dr. von Kinski und Frau Professorin Dr. Gross bedanken. Sie haben die Bereitstellung des Beuth-Promotionsstipendiums ermöglicht, mir dadurch ihr Vertrauen ausgesprochen, meine Forschungsarbeit gewissenhaft und erfolgreich weiterzuführen.

Glossar

Einheit	Eine Einheit setzt sich vorwiegend aus einem Einsatzwagen und bis zu mehreren Einsatzkräften zusammen. Disponiert wird über die Einsatzwagennummer, die die Einsatzkräfte gruppieren.
Einsatzbearbeitung	In Arbeitsvorschriften festgelegte Arbeitsabfolgen
Einsatzkraft, mobile Einsatzkraft, stationäre Einsatzkraft	Mitarbeiter oder Mitarbeiterin aus dem Sicherheits-, Hilfs- und Rettungswesens; vor Ort tägige Einsatzkräfte werden als mobile Einsatzkräfte bezeichnet, in der Leitstelle tätige Einsatzkräfte als stationäre Einsatzkräfte.
Einsatzleitzentrale, Zentrale	Im Sicherheitswesen ist der Begriff Einsatzleitzentrale gängig. Der Begriff Einsatzleitzentrale wird in dieser Arbeit synonym zu Leitstelle verwendet.
Funkmeldesystem (FMS)	Übermittlung festgelegter Statusmeldungen, die über das System verschickt werden
Geokollaborations-system	Ein System auf Basis eines Geoinformationssystems (GIS), welches die Zusammenarbeit über verortete Informationen (Personen oder Objekte) von mehreren Personen bietet
Hybridsystem	In diesem Kontext als ein hypothetisches System zu verstehen, welches Funktionen aus dem derzeitigen Handfunkgerät und dem Smartphone in einem Gerät zusammenfügt.
Johanniter-Unfall-Hilfe e.V.	Johanniter-Unfall-Hilfe e.V. Regionalverband Berlin (Berner Straße 2-3, 12205 Berlin)

© Springer Fachmedien Wiesbaden GmbH, ein Teil von Springer Nature 2018
M. Gebler, *Georeferenziertes Disponieren mit nutzerfreundlichen, mobilen und stationären Multi-Touch-Systemen*, https://doi.org/10.1007/978-3-658-21879-9

Kontrollräume	Räumlichkeiten der Leitstelle, meist mit vielen Bildschirmen ausgestattet, die zur Kontrolle oder Überwachung dienen.
Lageüberblick	Zusammenfassung aller Informationen, die bei einem konkreten Einsatz oder über ein gesamtes Einsatzgebiet den Einsatzkräften vorliegen. Die Lagebeurteilung wird anhand des Lageüberblicks getroffen.
Leitstand	Der Leitstand ist als das System bzw. das Objekt in jener Leitstelle zu verstehen, welche von den Einsatzkräften der Leitstellen bedient wird. Eine Leitstelle kann sich somit aus vielen Leitständen zusammensetzen.
Leitstandsystem	Hardware und Software an einem Leitstand in der Leitstelle
Leitstelle	Oberbegriff für Einsatzleitstelle, Zentrale, Einsatzleitzentrale; stationärer multimedialer Arbeitsplatz von meist mehreren Mitarbeitern und Mitarbeiterinnen
Leitstellensystem	Ein Leitstellensystem kann aus mehreren Teilsystemen, wie Handfunkgeräte und Systemen zur Koordination in der Leitstelle, bestehen.
mobile Systeme	Mobil nutzbares System, welches als das mobile System vor Ort bezeichnet wird und das mit dem stationären System in der Leitstelle bzw. an dem Leitstand kommuniziert.
mobile Einsatzkraft	Einsatzkräfte vor Ort am Einsatzgeschehen; vor Ort tätige/r Mitarbeiter oder Mitarbeiterin
mobiler Einsatz	Einsatzgeschehen der Einsatzkräfte am Einsatzort
Ortungssysteme	Software für die Nutzung von Sensoren zur Positionsbestimmung

Luftbildansicht	Die Luftbildansicht kann das Kartenmaterial um Bildmaterial, sogenannte Luftbilder, der Erdoberfläche ergänzen.
stationäres System	In diesem Kontext als fest installiertes Leitstellensystem zu verstehen; stationär, an einem zentralen, festen Ort; kommuniziert mit mobilen Systemen.
TERTA	*terrestrial trunked radio* ist ein Standard für digitalen Bündelfunk

Literaturverzeichnis

Aslam, A., & Saad, M. (2012). *Multiple Coordinated InfoVis Techniques in Control Room Environment: By Means of Usability Testing*: LAP Lambert Academic Publishing.

Bailly, G., Lecolinet, E., & Nigay, L. (2007). Wave Menus: Improving the Novice Mode of Hierarchical Marking Menus. In C. Baranauskas, J. Abascal, S. D. J. Barbosa, & P. Palanque (Eds.), *Lecture Notes in Computer Science: Vol. 4662. Human-Computer Interaction INTERACT 2007. 11th IFIP TC 13 International Conference, Rio de Janeiro, Brazil, September 10-14, 2007, Proceedings, Part I* (pp. 475–488). Berlin, Heidelberg: Springer-Verlag Berlin Heidelberg.

Betts, B. J., Mah, R. W., Papasin, R., Del Mundo, R., McIntosh, D. M., & Jorgensen, C. (2005). Improving Situational Awareness for First Responders Via Mobile Computing.

Böttcher, B., & Nüttgens, M. (2013). Überprüfung der Gebrauchstauglichkeit von Anwendungssoftware. *HMD Praxis der Wirtschaftsinformatik, 50*(6), 16–25. https://doi.org/10.1007/BF03342065

Brundritt, R. (2014). Location Intelligence for Windows Store Apps: A complete guide to creating the future of Location Aware apps.

Deutsche Messe Interactive GmbH. (2014). Effiziente Einsatzplanung: Polizei und Behörden profitieren von zentralen Lösungen für Einsatzleitzentralen. *Director's Brief*. Retrieved from www.messe-interactive.de

Dick, R. (Ed.). (2011). *Die Polizeilichen Online-Informationssysteme in der Bundesrepublik Deutschland*. Norderstedt: Books on Demand.

Fallahkhair, S., Pemberton, L., & Griffiths, R. (2005). Dual Device User Interface Design for Ubiquitous Language Learning: Mobile Phone and Interactive Television (iTV). In *IEEE International Workshop on Wireless and Mobile Technologies in Education (WMTE'05)* (pp. 85–92). https://doi.org/10.1109/WMTE.2005.20

Fischermanns, G. (2008). *Praxishandbuch Prozessmanagement* (7th ed.). Giessen [i.e.] Wettenberg: Schmidt.

© Springer Fachmedien Wiesbaden GmbH, ein Teil von Springer Nature 2018
M. Gebler, *Georeferenziertes Disponieren mit nutzerfreundlichen, mobilen und stationären Multi-Touch-Systemen*, https://doi.org/10.1007/978-3-658-21879-9

Franke, I. S. (2013). Der Geschäftsfall Multi-Touch. In T. Schlegel (Ed.),
    Xpert.press. Multi-Touch. Interaktion durch Berührung (pp. 265–285).
    Springer Vieweg.

Frisch, M., & Dachselt, R. (2013). Kombinierte Multi-Touch und Stift-
    Interaktionen: Ein Gesten-Set zum Editieren von Diagrammen. In T. Schlegel
    (Ed.), *Xpert.press. Multi-Touch. Interaktion durch Berührung*. Springer
    Vieweg.

Fuchs, F. (2010). Optimale Disposition in Rettungsleitstellen. *Notfall +
    Rettungsmedizin, 13*(3), 238–245. https://doi.org/10.1007/s10049-010-1294-y

Guimbretière, F., & Winograd, T. (2000). FlowMenu. In M. Ackerman & K.
    Edwards (Eds.), *Proceedings of the 13th annual ACM symposium on User
    interface software and technology* (pp. 213–216).
    https://doi.org/10.1145/354401.354778

Han, J. Y. (2005). Low-cost multi-touch sensing through frustrated total internal
    reflection. In P. Baudisch, M. Czerwinski, & D. Olsen (Eds.), *the 18th annual
    ACM symposium* (p. 115). https://doi.org/10.1145/1095034.1095054

Hutchison, D., Kanade, T., Kittler, J., Kleinberg, J. M., Kobsa, A., Mattern,
    F.,. . . Lackey, S. (Eds.). (2014). *Virtual, Augmented and Mixed Reality.
    Designing and Developing Virtual and Augmented Environments. Lecture
    Notes in Computer Science.* Cham: Springer International Publishing.

Ijsselmuiden, J., Körner, T., Schick, A., & Stiefelhagen, R. (2010).
    Interaktionstechniken für große Darstellungsflächen. In M. Grandt (Ed.),
    *Fachausschusssitzung Anthropotechnik der Deutschen Gesellschaft für Luft-
    und Raumfahrt e.V: 52. 2010. Innovative Interaktionstechnologien für
    Mensch-Maschine-Schnittstellen. 7. und 8. Oktober 2010, Berlin* (DGLR
    Bericht 2010, pp. 159–174). Bonn: Dt. Ges. für Luft- und Raumfahrt -
    Lilienthal-Oberth. Retrieved from http://publica.fraunhofer.de/documents/N-
    143523.html

Intergraph (Deutschland) GmbH. Intergraphs Kompetenz für Behörden und
    Organisationen mit Sicherheitsaufgaben (BOS): Unternehmensprofil.
    Retrieved from http://www.intergraph.com/global/de/publicsafety/

Intergraph (Deutschland) GmbH (10/2008). Intergraph-Technologie koordiniert
    Einsatzkräfte während der Fußball-Europameisterschaft 2008: Beispiele für

den erfolgreichen Praxisbetrieb von Intergraph Einsatzleitsystemen bei Sonder- und Großlagen. *Referenzkundenbericht.* Retrieved from http://www.intergraph.com/global/de/sgi/documents/Casestudy_EURO08_A 4.pdf

Intergraph (Deutschland) GmbH (06/2010). I/Mobile TC. *Produkt-datenblatt.* Retrieved from http://www.intergraph.com/global/de/assets/local/I_Mobile_TC.pdf

Intergraph SG&I Deutschland GmbH (11/2013). Intergraph Planning & Response

: Effektives Lageinformations- und Stabssystem. *Intergraph Planning & Response.* Retrieved from http://www.intergraph.com/assets/pdf/Intergraph_Planning-Response-Flyer_GER_print.pdf

Jochen Prümper. (2000). Software-Evaluation based upon ISO 9241 Part 10, *Work & Technical Fund of the Ministry of Research and Technology of the Federal Republic of Germany.*

Johanniter-Unfall-Hilfe e.V. Landesverband Berlin/Brandenburg. GPS hilft bei der Koordination: Fahrdienst. *Wir Johanniter in Berlin und Brandenburg.* Retrieved from http://www.juh-medien.de/johannitermagazin/JUH_LV_BB_2014_02/

Kammer, D. (2013). Deklarative Programmierung von Multitouch-Gesten. In T. Schlegel (Ed.), *Xpert.press. Multi-Touch. Interaktion durch Berührung.* Springer Vieweg.

Kin, K., Agrawala, M., & DeRose, T. (2009). Determining the benefits of direct-touch, bimanual, and multifinger input on a multitouch workstation. In A. Gooch & M. Tory (Eds.), *Graphics Interface 2009. Proceedings, Kelowna, British Columbia, Canada, 25-27 May 2009* (pp. 119–124). Missisauga, Ont.: Canadian Information Processing Society.

Kumpch, M., & Luiz, T. (2011). Integrierte Leitstelle als Logistikzentrale. *Notfall + Rettungsmedizin, 14*(3), 192–196. https://doi.org/10.1007/s10049-010-1398-4

Laufs, U., Zibuschka, J., Roßnagel, H., & Engelbach, W. (2011). Entwurf eines Multi-touch-Systems für die organisationsübergreifende Zusammenarbeit in nicht-operativen Phasen des Notfallmanagement. In H.-U. Heiss (Ed.), *GI-Edition / Proceedings: Vol. 192. Informatik 2011. Informatik schafft Communities ; 41. Jahrestagung der Gesellschaft für Informatik e.V. (GI), 4.10. bis 7.10.2011, TU Berlin*. Bonn: Ges. für Informatik.

Lenz, W., Luderer, M., Seitz, G., & Lipp, M. (2000). Die Dispositionsqualität einer Rettungsleitstelle. *Notfall & Rettungsmedizin*, *3*(2), 72–80. https://doi.org/10.1007/s100490050203

Löffler, P. (2013). Integrierte Sicherheit für intelligente Städte: Fachartikel - Infrastructure & Cities Sector - Siemens Building Technologies Divisions . Retrieved from http://www.siemens.com/download?PR00261

Ludwig, T., Reuter, C., & Pipek, V. (2013). Mobiler Reporting-Mechanismus für örtlich verteilte Einsatzkräfte. In S. Boll (Ed.), *Mensch & Computer 2013 - Workshopband. 13. fachübergreifende Konferenz für interaktive und kooperative Medien; interaktive Vielfalt* (pp. 317–320). München: Oldenbourg.

Maaz, M. (2004). Prozessanalyse der Notfallversorgung bei Verkehrsunfällen: Studie zur Epidemiologie und Einsatztaktik in Bayern.

Marks, J., Diwell, D., Dechamps, A., Schön, V., Bartsch, M., Beck, M.-L., & Boy, S. (2013). Masterplan Leitstelle 2020: Arbeitsgruppe „Sicherheitsleitstellen" des Zukunftsforum Öffentliche Sicherheit e.V.

Mentler, T., Kutschke, R., Kindsmüller, M. C., & Herczeg, M. (2013). Marking Menus im sicherheitskritischen mobilen Kontext am Beispiel des Rettungsdienstes. In M. Horbach (Ed.), *GI-Edition : Proceedings: Vol. 220. Informatik 2013. Informatik angepasst an Mensch, Organisation und Umwelt ; 16.-20. September 2013 Koblenz, Germany* (pp. 1577–1590). Bonn: Köllen.

Messelken, M., Schlechtriemen, T., Arntz, H. R., Bohn, A., Bradschetl, G., Brammen, D.,. . . Paffrath, T. (2011). Minimaler Notfalldatensatz MIND3. *Notfall + Rettungsmedizin*, *14*(8), 647–654. https://doi.org/10.1007/s10049-011-1510-4

NET Verlagsservice GmbH. (2004). BOS brauchen Berater. Zeitschrift für Kommunikationsmanagement. Retrieved from http://www.net-im-web.de/pdf/2004_03s23.pdf

Nielsen, J. (1993). *Usability engineering*. Boston: Academic Press.

Nielsen, J., & Budiu, R. (2013). Mobile Usability: Für iPhone, iPad, Android und Kindle. *Mobile Usability*.

Nielsen, M., Störring, M., Moeslund, T. B., & Granum, E. (2004). A Procedure for Developing Intuitive and Ergonomic Gesture Interfaces for HCI. In A. Camurri & G. Volpe (Eds.), *Lecture notes in computer science Lecture notes in artificial intelligence: Vol. 2915 Gesture based communication in human-computer interaction. 5th International Gesture Workshop, GW 2003 : Genova, Italy, April 2003 : selected revised papers* (pp. 409–420). Berlin, New York: Springer.

Norman, D. A. (2010). Natural user interfaces are not natural. *interactions*, *17*(3), 6. https://doi.org/10.1145/1744161.1744163

Norman, D. A., & Nielsen, J. (2010). Gestural interfaces: a step backward in usability. *interactions*, *17*(5), 46. https://doi.org/10.1145/1836216.1836228

Perlin, K. (1998). Quikwriting. In E. Mynatt & R. J. K. Jacob (Eds.), *Proceedings of the 11th annual ACM symposium on User interface software and technology* (pp. 215–216). https://doi.org/10.1145/288392.288613

Pfliegl, R. (2011). Technologietrends im Verkehrssystem – Potentiale für eine integrierte Verkehrssteuerung. *e & i Elektrotechnik und Informationstechnik*, *128*(7-8), 265–270. https://doi.org/10.1007/s00502-011-0019-3

Phleps, A., & Block, M. (2011). Entwicklung eines Multitouch-Konferenztisches. In H.-U. Heiss (Ed.), *GI-Edition / Proceedings: Vol. 192. Informatik 2011. Informatik schafft Communities ; 41. Jahrestagung der Gesellschaft für Informatik e.V. (GI), 4.10. bis 7.10.2011, TU Berlin*. Bonn: Ges. für Informatik.

Ploner, N. (2012). *Gestensteuerung für Powerwall-basierte Visualisierungen*.

Reuter, C., & Ritzkatis, M. (2013). Unterstützung mobiler Geo-Kollaboration zur Lagebeurteilung von Feuerwehr und Polizei. In Rainer Alt, Bogdan Franczyk (Ed.), *Proceedings of the 11th International Conference on Wirtschaftsinformatik* (pp. 1877–1891). Leipzig: Univ.

Richter, M., & Flückiger, M. D. (2013). *Usability Engineering kompakt*. Berlin, Heidelberg: Springer Berlin Heidelberg.

Sarodnick, F., & Brau, H. (2010). *Methoden der Usability Evaluation: Wissenschaftliche Grundlagen und praktische Anwendung* (2., überarb. u.

aktualis. Auflage). *Wirtschaftspsychologie in Anwendung.* Bern: Verlag Hans Huber.

Sarshar, P., Nunavath, V., & Radianti, J. (2015). On the Usability of Smartphone Apps in Emergencies. In M. Kurosu (Ed.), *Lecture Notes in Computer Science. Human-Computer Interaction: Interaction Technologies* (Vol. 9170, pp. 765–774). Cham: Springer International Publishing. https://doi.org/10.1007/978-3-319-20916-6_70

Schick, A., Campe, F. van de, Ijsselmuiden, J., & Stiefelhagen, R. (2009). Extending touch: Towards interaction with large-scale surfaces. In G. Morrison (Ed.), *Proceedings of the ACM International Conference on Interactive Tabletops and Surfaces* (pp. 127–134). New York, NY: ACM.

Schlechtriemen, T., Dirks, B., Lackner, C.-K., Moecke, H., Stratmann, D., Krieter, H., & Altemeyer, K. H. (2007). Leitstelle – Perspektiven für die zentrale Schaltstelle des Rettungsdienstes. *Notfall + Rettungsmedizin.* (1), 47–57. https://doi.org/10.1007/s10049-006-0871-6

Schlegel, T. (Ed.). (2013). *Multi-Touch: Interaktion durch Berührung. Xpert.press*: Springer Vieweg.

Schmiedel, R., & Behrendt, H. (2011). *Leistungen des Rettungsdienstes 2008/09: Analyse des Leistungsniveaus im Rettungsdienst für die Jahre 2008 und 2009. Berichte der Bundesanstalt für Strassenwesen. Mensch und Sicherheit: Heft M217.* Bergisch Gladbach: Bundesanstalt für Strassenwesen.

Schulz, A., Lewandowski, A., Koch, R., & Wietfeld, C. (2009). Mobile IT-Applikation, vernetzte Sensoren und Kommunikationskonzepte zum Schutz der Einsatzkräfte bei der Feuerwehr. In S. Fischer (Ed.), *GI-Edition / Proceedings: Vol. 154. Im Focus das Leben. Beiträge der 39. Jahrestagung der Gesellschaft für Informatik e.V. (GI), 28.9. - 2.10.2009 in Lübeck* (pp. 1450–1464). Bonn: Ges. für Informatik.

Sears, A., & Shneiderman, B. (1991). High precision touchscreens: design strategies and comparisons with a mouse. *International Journal of Man-Machine Studies, 34*(4), 593–613. https://doi.org/10.1016/0020-7373(91)90037-8

Senatsverwaltung für Inneres und Sport. (2005). Gesetz über den Rettungsdienst für das Land Berlin (Rettungsdienstgesetz - RDG). Retrieved from http://www.berlin.de/sen/inneres/sicherheit/rettungsdienst/rechtsgrundlagen/a rtikel.30716.php

Shneiderman, B. (2002). *User interface design.* Bonn: Verl. Moderne Industrie.

Someren, Maarten W. van, Barnard, Y. F., & Sandberg, J. (1994). *The think aloud method: A practical guide to modelling cognitive processes. Knowledge-based systems.* London, San Diego: Academic Press.

Stadt Gelsenkirchen - Referat Feuerschutz, Rettungsdienst und Katastrophenschutz. (2013). Rettungsdienstbedarfsplan der Stadt Gelsenkirchen. Retrieved from http://www.gelsenkirchen.de/de/Rathaus/Feuerwehr/Schnellzugriff/Rettungsd ienstbedarfsplan_2011.pdf

Strobl, J., & Wunderle, K. (2007). *Theorie und Praxis des Polizeieinsatzes* (3. überarb. Aufl). *Polizei-Handbuch: Sonderbd.* Lübeck: Schmidt-Römhild.

van de Camp, Florian, & Stiefelhagen, R. (2013). glueTK : A Framework For Multi-Modal, Multi-Display Human-Machine-Interaction. In J. Kim (Ed.), *IUI '13. Proceedings of the 18th International Conference on Intelligent User Interfaces : March 19-22, 2013, Santa Monica, CA, USA.*

Wachs, J. P., Kölsch, M., Stern, H., & Edan, Y. (2011). Vision-based hand-gesture applications. *Communications of the ACM, 54*(2), 60. https://doi.org/10.1145/1897816.1897838

Westhoff, K., Hagemeister, C., Kersting, M., Lang, F., Moosbrugger, H., Reimann, G.,. . . Testkuratorium der Föderation Deutscher Psychologenvereinigungen. (2010). *Grundwissen für die berufsbezogene Eignungsbeurteilung nach DIN 33430.* Lengerich: Pabst Science Publishers.

Weyl, B., Graf, M., & Bouard, A. (2012). Smart Apps in einem vernetzten (auto)mobilen Umfeld: IT-Security und Privacy. In S. Verclas & C. Linnhoff-Popien (Eds.), *Xpert.press. Smart Mobile Apps* (pp. 43–58). Berlin, Heidelberg: Springer Berlin Heidelberg. https://doi.org/10.1007/978-3-642-22259-7_4

Wimmer, C., Schlegel, T., Lohmann, S., & Raschke, M. (2013). Teilautomatisierte Migration von grafischen Benutzeroberflächen für Touchscreens. In T. Schlegel (Ed.), *Xpert.press. Multi-Touch. Interaktion durch Berührung* (pp. 195–237). Springer Vieweg.

Wobbrock, J. O., Morris, M. R., & Wilson Andrew D. (2009). User-defined
gestures for surface computing. In S. Greenberg, S. Hudson, K. Hinckley, M.
R. Morris, & D. R. Olsen (Eds.), *ACM Conference Proceedings Series:
Volume 1. CHI 2009. Digital life new world : conference proceedings : the
27th annual CHI Conference on Human Factors in Computing Systems :
April 4 - 9, 2009 in Boston, MA, USA.* New York: ACM.

Wucholt, F., Krüger, U., & Kern, S. (2011). Mobiles Checklisten-Support-
System im Einsatzszenario einer Großschadenslage. In H.-U. Heiss (Ed.), *GI-
Edition / Proceedings: Vol. 192. Informatik 2011. Informatik schafft
Communities ; 41. Jahrestagung der Gesellschaft für Informatik e.V. (GI),
4.10. bis 7.10.2011, TU Berlin.* Bonn: Ges. für Informatik.

Zibuschka, J., Laufs, U., & Engelbach, W. (2011). Entwurf eines kollaborativen
Multi-Touch-Systems zur Planung und Abwicklung von
Großveranstaltungen.

Anhang

A.1   Ablaufdiagramm zur Einsatzbearbeitung

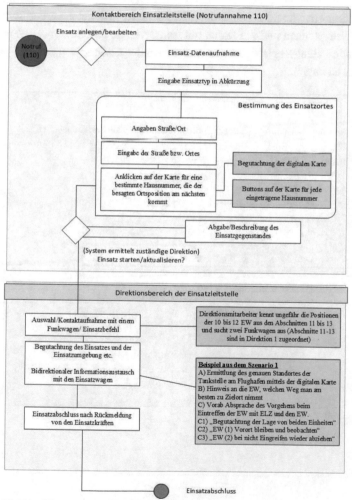

Abbildung 36 Ablaufdiagramm zur Einsatzbearbeitung
am Leitstandsystem in der Einsatzleitzentrale der Polizei

© Springer Fachmedien Wiesbaden GmbH, ein Teil von Springer Nature 2018
M. Gebler, *Georeferenziertes Disponieren mit nutzerfreundlichen, mobilen und
stationären Multi-Touch-Systemen*, https://doi.org/10.1007/978-3-658-21879-9

A.2   Programmcode Callback-Service

(Dieser Anhang mit den Programmcodebeispielen ist für das Kapitel 6.1 Client-Server-Kommunikation, S.87.) Die Client-Anwendung meldet sich beim Anwendungsstart bei der Server-Anwendung mit eigenen *Kontextinformationen* an („Client-Registrierung beim Server"). Die bereitgestellte *Callback-Funktion* im Client aus der Schnittstelle („ICallback Interface-Klasse") kann der Server über die Verbindung ansprechen und die Daten mit transferieren. Die Server-Anwendung verwaltet alle Client-Registrierungen und versendet *Callbacks* („Server - Registrierung der Clients").

```
                    Client-Registrierung beim Server
                      (Client) - Erweiterung der Klasse
public class ServiceControllerCallbackTransfer : IService_CallbackTransferCallback
                (Client) - Objekterstellung für die Registrierung
InstanceContext instanceContext = new InstanceContext( this );
service_CallbackTransferClient
        = new Service_CallbackTransferClient( instanceContext );
service_CallbackTransferClient.SubscribeAsync(); // Registrierung


          (Client) – Überschreiben der CallBack-Funktion vom Interface (Server)
public void CallBackFunction( string str , …, DATEN )
{ … weitere Datenverarbeitung … }
```

(Client) - Erweiterung zur Callback-Funktion, Objekterstellung für die Registrierung, Überschreiben der Callback-Funktion vom Interface (Server)

```
                          ICallback Interface-Klasse
public interface ICallback {
    void CallBackFunction(
                string message, DateTime timestamp,
                ObservableCollection<LocationDataObject> POSITIONSLISTE,
                ObservableCollection<ScenarioDataObject> EINSATZLISTE …
    ); …}
```

(Server) ICallback Interface-Klasse

```
                    Server - Registrierung der Clients
ICallback callback = OperationContext.Current. GetCallbackChannel <ICallback> ();
public static readonly List<ICallback> Subscribers = new List<ICallback>();

subscribers.ForEach( delegate( ICallback callback ) {
        if ((( ICommunicationObject)callback).State==CommunicationState.Opened ){
                callback.CallBackFunction( „s", DateTime Now,
        EINSATZLISTE ); }
        else { Subscribers.Remove( callback ); }
});
```

(Server) Callback-Service-Klasse
Verwaltung der Clients, Versenden von Informationen über Callbacks

A.3   Programmcode Windows Push Notification Service

(Dieser Anhang mit den Programmcodebeispielen ist für das Kapitel 6.1.2
Windows Push Notification Service im mobilen NEL, S.88.)

Die Kommunikation über den *Windows Push Notification Service* fordert eine Begrenzung der Datenmenge für eine Übertragung. Der Prozessablauf wird bei der
Übertragung der Daten vom Server zum Smartphone wie folgt zusammengefasst:

1. Die Client-Anwendung registriert sich beim Server im Anwendungsstart
    (siehe „Initialisierung Smartphone")
2. Die Server-Anwendung hat neue Daten und sendet diese über Notifica-
    tion Service (siehe „Daten vom Server senden")
3. Client-Anwendung empfängt die „Informationen über die Aktualisierung
    und fragt per HTTP-Notification (WCF) die neuen Daten ab (siehe
    „Empfang der Daten Client-Anwendung")

```
                          Initialisierung Smartphone
private HttpNotificationChannel httpNotificationChannel;
string channelName = „DWX15_Channel";
httpNotificationChannel = HttpNotificationChannel.Find( channelName );
string theUri = httpNotificationChannel.ChannelUri.ToString();


httpNotificationChannel.Open();
DeviceDataObject.Instance.Uri = new Uri( theUri );


ServiceControllerRegistrationTransfer.Instance.
        registrationDeviceAtServer( DeviceDataObject.Instance );
```

(Client) Initialisierung Smartphone

```
                          Daten vom Server senden
private void sendHttp( string data )
{
        subscribers = ContainerDevicesDataObject.Instance
                        .getListOfPhoneObjectURI();
        byte[] payload = notifier.prepareRAWPayload( data );
        ThreadPool.QueueUserWorkItem( ( unused )
        => notifier.SendRawNotification( subscribers, payload, OnMessageSent ) );
…}
```

(Server) Daten vom Server senden

```
                          Empfang der Daten Client-Anwendung
switch (HINWEIS-DATENTYP) {
        case "PersonDataObject": page.Dispatcher.BeginInvoke(()
                => ControllerX.getGroupOfPersonDataObjects());
        case "DeviceDataObject": page.Dispatcher.BeginInvoke(()
                => ControllerX. getGroupOfDeviceDataObjects());
        case "ScenarioDataObject": page.Dispatcher.BeginInvoke(()
                => ControllerX.getScenarioDataObject());

}
```

(Client) HttpNotificationChannel Informationsauswertung und Datenabruf via WCF

A.4   Programmcode Gesten-Architektur

(Dieser Anhang mit den Programmcodebeispielen ist für das Kapitel 5.2.4 Natural User Interface des stationären NELs, S.69.)

Die folgende „Touch-Down-Erkennung" versucht zunächst zu erkennen, ob sich ein UI-Element bereits unter der Berührungsfläche befindet („Methode getMenu-IfExist"), um dieses UI-Element dann über *Touch-Move* zu bewegen. Wenn dieser Touch-Down nicht in ein Touch-Move übergeht (Identifizierung über die Touch-IDs), wird bei ausreichend langer Berührung ein *Tap-Touch* identifiziert. Dabei wird dann zum Beispiel ein Einsatzauftragsmenü erstellt.

```
                           Touch-Down-Erkennung
private void touchTarget_TouchDown( object sender, TouchEventArgs e ){
      if ( e.TouchPoint.IsTagRecognized ){
              LocationController.Instance.setMapEnable( false );
      }
      if ( ( ( e.TouchPoint.IsFingerRecog && [...].IsFingerRecognitionSupported )
      || ( e.TouchPoint.IsTagRecog && [...].IsTagRecognitionSupported ) ) ) {
              MenuUserControl touc = MenuModel.Instance.getMenuIfExist( new
              Point( e.TouchPoint.CenterX, e.TouchPoint.CenterY ) );
              if (touc == null && e.TouchPoint.IsTagRecognized){
                    touc = setTag( new Point( e.TouchPoint.CenterX,
              e.TouchPoint.CenterY ));
                    touc.translatetransform.X = e.TouchPoint.CenterX;
                    touc.translatetransform.Y = e.TouchPoint.CenterY;
                    touc.rotatetrans.Angle = ( e.TouchPoint.Orientation ) * (
              180.0/Math.PI ); touc.setTransformation();
                    touc.touchID = e.TouchPoint.Id; touc.setAnimation( true ); }
                    else if ( touc != null ) touc.touchID = e.TouchPoint.Id;
      }
}
public MenuUserControl getMenuWithTouchID( int id ){
      foreach ( MenuUserControl item in listOfMenuUserControl ){
              if ( item.touchID != -1 && item.touchID == id ) return item;
      } return null;
}
```

Touch-Down-Erkennung, Abfrage eines existierenden Menüs an dem Berührungspunkt

Die Berührungsfläche ist anhand der Fingerbreite mit einer Toleranz von +/- 75 Pixeln angegeben.

```
                        Methode getMenuIfExist
public MenuUserControl getMenuIfExist( Point touchPoint ){
        foreach ( MenuUserControl item in listOfMenuUserControl ) {
                double xpos = item.translatetransform.X;
                double ypos = item.translatetransform.Y;
                if ( xpos + 75 > touchPoint.X && xpos - 75 < touchPoint.X
                && ypos + 75 > touchPoint.Y && ypos - 75 < touchPoint.Y )
                return item; }
  }
```

Methode getMenuIfExist, Abfrage eines existierenden Menüs an dem Berührungspunkt

```
                            Drag-und-Drop-Geste
private void OnDropTargetDrop( object sender, SurfaceDragDropEventArgs e )
{
    PersonDataObject droppedData = e.Cursor.Data as PersonDataObject;
    e.Handled = true; Point p = e.Cursor.GetPosition( (UIElement) e.Source );
    LocationDataObject ldo
        = new LocationDataObject(random.Next( 0, int.MaxValue ).ToString());
    ldo.setXYCoordinates( p.X, p.Y );
    Location lo = LocationModel.Instance.FromLocalToLatLng( p.X, p.Y );
    ldo.Latitude = lo.Latitude; ldo.Longitude = lo.Longitude;

    // Neues Einsatzobjekt
    ScenarioDataObject sdo = new ScenarioDataObject(
            ContainerScenarioDataObject.Instance.getNextNewID(),
            new Operation(Code.NeuerStandort, "Neuer Ziel-Standort" ),
            DeviceDataObject.Instance, ldo );
    sdo.addDataObject( droppedData );

    DragNewPositionUserControl duc = new DragNewPositionUserControl();
    duc.RenderTransform = new TranslateTransform( p.X, p.Y );
    duc.ItemName.Text = droppedData.Name;
    BitmapImage bi = new BitmapImage(); bi.BeginInit();
    bi.UriSource = new Uri( droppedData.Imagepath, UriKind.Relative );
    duc.ItemImage.Source = bi; bi.EndInit();
    layer.Children.Add( duc );
    duc.sdo = sdo;
    DragNewPositionModel.Instance.addListElement( duc );

    ContainerScenarioDataObject.Instance.addDataObject( sdo );
    ServiceControllerSzenarioTransfer.Instance.addSzenarioDataObject( sdo );
}
```

Einsatzkräfte auf die Karte mit Drag-und-Drop positionieren

Ein Listenelement wird in ein UI-Element formatiert, sodass es auf dem *Drag-Pfad* angezeigt wird. Beim Loslassen an der gewünschten Position auf der Karte wird ein neues Karten-UI-Element positioniert. Hierbei werden die Oberflächenkoordinaten von Pixeln in Geokoordinaten (geografische Längen und Breiten) umgerechnet.

A.5   10-Stufen-Instruktion

Abbildung 37 10-Stufen-Instruktion stationäres NEL

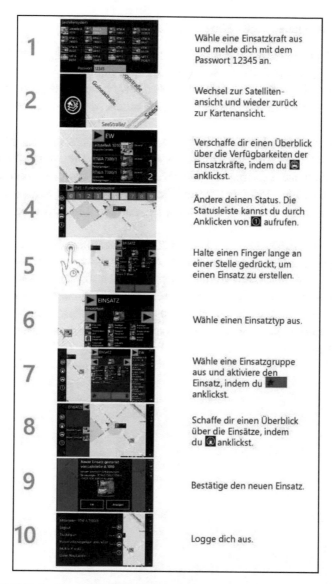

Abbildung 38 10-Stufen-Instruktion mobiles NEL

A.6   Aufgaben in der Nutzerstudie 1

Aufgabe zum Lösungsweg Teil 1 (*Verbesserung des Lageüberblicks*) am Multi-Touch-Tisch: In der Aufgabe soll einer Einheit eine neue Position zugewiesen werden. Bitte weise der Einheit RTW J 7400/1 die neue Position Potsdamer Platz zu. Wende dich nach Abschluss der Aufgabe bitte an den Versuchsleiter.

Aufgabe zum Lösungsweg Teil 2 (*optimierten Informationsaustausch*) am Multi-Touch-Tisch: In der Aufgabe wird dir ein Einsatzauftrag angezeigt, der vor Ort an einem Smartphone eingetragen wurde. Bitte bearbeite den Einsatzauftrag weiter, indem du die *Einheit KTW A 85/24* zuteilst und den *Einsatzauftrag erneut startest*. Wende dich nach Abschluss der Aufgabe bitte an den Versuchsleiter.

Aufgabe zum Lösungsweg Teil 3 (*gebrauchstaugliche Nutzerinteraktion*) am Multi-Touch-Tisch: In der Aufgabe geht es darum einen Einsatzauftrag zu erstellen. Dafür sind folgende Informationen über den Einsatz bekannt: *Adresse: Klopstockstraße, Ecke Straße des 17. Juni, Einsatztyp: Krankentransport, Einheit: KTW J 84/31* Bitte erstelle und aktiviere den Einsatz, sodass die Einsatzgruppe benachrichtigt werden kann. Wende dich nach Abschluss der Aufgabe bitte an den Versuchsleiter.

A.7   Aufgaben in der Nutzerstudie 2

Aufgabe zum Lösungsweg Teil 1 (*Verbesserung des Lageüberblicks*) am Smartphone: In der Aufgabe wird Deiner Einheit eine *neue Position* zugewiesen. Nimm den neuen Auftrag entgegen und *orientiere Dich auf der Karte* wo sich die neue Position befindet und welchen Weg Du zur Erreichung der Position nutzen würdest. Wende Dich nach Abschluss der Aufgabe [...]

Aufgabe zum Lösungsweg Teil 2 (*optimierten Informationsaustausch*) am Smartphone: In der Aufgabe geht es darum einen Einsatzauftrag zu erstellen. Dafür sind folgende Informationen über den Einsatz bekannt:

Adresse: Großer Stern / Hofjägerallee, Einsatztyp: Notfall einer verletzten Person, Einheit: KTW A 85/24

Bitte erstelle und aktiviere den Einsatzauftrag, sodass die Information an die Leitstelle weitergegeben wird. [...]

Aufgabe zum Lösungsweg Teil 3 (*gebrauchstaugliche Nutzerinteraktion*) am Smartphone: In der Aufgabe wird Dir ein Einsatzauftrag angezeigt, dem Deine Einheit zugeteilt wurde. Bitte bestätige den Einsatz und ändere Deinen *Status von 1 auf 3*. Betrachte danach den Einsatzort und den Weg von deiner aktuellen Position zum Einsatzort. Wende Dich nach Abschluss der Aufgabe [...]

A.8   Allgemeine Angaben der Nutzerstudie 1 und 2

Die Befragung umfasst neun Personen zum Testen des Systems in der Leitstelle (stationär) und weitere sieben Personen im Rettungsdienst vor Ort (mobil). Das Team bei der Johanniter-Unfall-Hilfe e.V. in der Leitstelle (stationär) hat nicht viel mehr Einsatzkräfte, als die Stichprobe umfasst. Bei der Befragung der vor Ort tätigen Einsatzkräfte konnten mehr Einsatzkräfte für die Studie erfasst werden. Da die Befragung während eines laufenden Events stattfand, musste die Durchführung jedoch bei einigen Probandinnen und Probanden unterbrochen werden, sodass schließlich nur von sieben Personen vollständige Befragungsergebnisse erfasst werden konnten.

Tabelle 17 Auswertung demografischer Daten

	~Ø stationäres NEL	~Ø mobiles NEL
Wie alt bist du?	35	24
Welches Geschlecht hast du?	9 m, 0 w	5 m, 3 w
Seit wie vielen Jahren bist du im Rettungsdienst tätig?	13,0	5,6
Seit wie vielen Jahren arbeitest du bei den Johannitern?	15,0	4
Wie oft verwendest du das Leitstellensystem? *	1,6 *	0,8 *
Wie oft verwendest du das Handfunkgerät? *	2 *	1,9 *

* Erläuterung der Werte					
Häufigkeit der Nutzung	täglich	mehrmals pro Woche	mehrmals pro Monat	seltener	nie
Abstufungen	4	3	2	1	0

A.9　　　Nutzerstudie 1 (stationär) Isonorm-Fragebogenergebnisse

Isonorm-Altes-Leitstellensystem vs. Isonorm-Stationäres-NEL

Dimension	Kat	Isonorm-Altes-Leitstellensystem									Isonorm-Stationäres-NEL									einseitiger t-test (p-value) in Prozent	einseitiger t-test (p-value) (ger. 3 Nachkomma-stellen)
		1	2	3	4	5	6	7	8	9	1	2	3	4	5	6	7	8	9		
Aufgaben-angemessenheit	aa1	1,333	2	2	0	2,333	1	0,667	1,333	1,333	-0,33	-2,5	2	2	1	1	0,667	1,333	1,667	18	0,183
	aa2	-0,33	-0,67	1,667	-3	1,667	-1	-0,67	-1,33	-1	-1	-1,33	0	-0,5	0,333	-0,33	-0,33	-0,67	3		
	aa3	1	2	1,333	-0,67	1,667	1,667	1,667	-0,67	1,333	1,333	2	1	2	2	-0,33	2	0,333	1		
Selbstbeschreibungsfähigkeit	sb1	1	-0,67	1	-3	1,667	-1	-0,57	-1,33	-1	1,333	2	2	1,333	1,333	1,333	1,333	2	2,667	40	0,405
	sb2										0,333	1	1,667	1,333	1,667	0,667	1,333	2,667	2,333		
	sb3										0,5	-1	1,5	-2	1,5	-3	1,5	-0,5	3		
Erwartungs-konformität	ek1	2,333	-0,67	1	-0,67	1,667	1,667	1,667	-0,67	1,333		-1	1	2	1,667	-0,33	2	0,333	1	23	0,226
	ek2										1,333	2	1	1,333	1,333	1,333	1,333	2	3		
	ek3																				
Lernförderlichkeit	lf1	0,667	-2,67	1,333	-1	-0,67	-2	-2	-1	1,333	1,333	1	1	1,333	1,667	0,667	1,333	2,667	2,667	0	0,000
	lf2																				
	lf3																				
Steuerbarkeit	st1	1,333	1	1,333	-1	2,333	0,667	1	1,333	2	0,333	1	1	1,333	1,667	0,667	1,333	2,667	2,333	23	0,235
	st2																				
	st3																				
Fehlertoleranz	(ft1)	0,5	0	0,667	-2	1,5	-1,5	1,5	-0,5	0	0,5	-1	1,667	0,333	1,5	-3	1,5	-0,5	3	41	0,414
	ft2																				
	ft3																				
Individualisier-barkeit	ik1	1	1,667	1,667	-0,67	2	0,667	-0,67	-1	2	0	1,5	1,667	0,333	-0,67	-1	0	0,667	2	28	0,278
	ik2																				
	ik3																				

Abbildung 39 Vergleich Isonorm-Fragebogen-Antworten stationäre Systemnutzung (derzeitiges stationäres Systeme vs. das neue stationäre NEL, incl. einseitiger T-Test-Auswertung über die Dimensionsmittelwerte je Probandin bzw. Proband)

Farblegende:	-3 (negativ)	-2	-1	0 (neutral)	1	2	3 (positiv)

Isonorm-Altes-Leitstellensystem vs. Isonorm-Stationäres-NEL

Dimension	Kat	Isonorm-Altes-Leitstellensystem 1	2	3	4	5	6	7	8	9	Isonorm-Stationäres-NEL 1	2	3	4	5	6	7	8	9	einseitiger t-test (p-value) in Prozent	einseitiger t-test (p-value) (ger. 3 Nachkommastellen)
Aufgabenangemessenheit	aa1	0	2	1	1	2	-1	0	0	0	-1	-3	2	2	0	-2	-1	0	0	9	0,092
	aa2	3	2	3	-2	3	2	1	3	2	0	2	2	2	2	3	2	1	3	37	0,370
	aa3	1	2	1	1	2	2	1	1	-1	-1	-2	2	2	2	3	1	1	2	14	0,138
Selbstbeschreibungsfähigkeit	sb1	1	-3	2	-3	2	0	2	0	-1	-1	1	0	-2	3	3	1	0	3	15	0,146
	sb2	1	1	1	2	2	0	-2	-2			-2	0	2	-1	-3	-1	-1		8	0,079
	sb3	-1	-1	2	-3	2	-3	-2	-2	0	2	-3	0	2	3	-1	3	1	0	39	0,392
Erwartungskonformität	ek1	2	2	1	-2	2	1	1	0	0	2	2	1	2	3	3	2	1	1	22	0,223
	ek2	2	1	1	1	1	2	2	-1	2	1	1	1	2	0	-1	1	-1	2	28	0,282
	ek3	3	-2	1	-2	2	2	2	-1	2	2	3	3	3	3	-3	1	3	3	34	0,337
Lernförderlichkeit	lf1	1	-3	1	-1	0	-3	-2	2	0	2	1	3	2	2	1	2	3	3	0	0,000
	lf2	0	-3	2	1	0	-1	-1	-1	0	1	2	2	0	1	1	1	0	2	0	0,003
	lf3	0	-2	1	-2	2	-2	-1	-2	2	0	1	1	2	1	1	1	1	0	0	0,000
Steuerbarkeit	sk1	3	-2	1	0	2	-1	-1	1	2	0	2	1	2	2	-1	1	3	3	12	0,119
	sk2	3	3	2	-1	2	0	2	1	2	2	3	1	2	2	2	2	2	2	35	0,354
	sk3	-1	2	2	-2	3	3	2	2	2	1	-3	1	2	-1	2	0	2	3	35	0,347
Fehlertoleranz	(ft1)			0																	
	ft2	1	0	1	-2	2	1	2	2	0	1	-1	1	-2	3	-3	2	2		50	0,500
	ft3	0		1		1	-3	1	-3		0	0	1	0	0	3	1	-3		18	0,182
Individualisierbarkeit	lk1	1			-2	2	0	1	-2	2	0	3	2	0	0	-3	-1	0	2	14	0,142
	lk2	1	2	2	-1	2	2	0	-1	2	0	0	-2	-2	-1	0	0	1	2	11	0,107
	lk3		2	2	1	2	0	0	-1	2	2	0	1	2	-1	0	0	1	2	34	0,342
Mittelwerte je Proband über alle Dimensionen		1,25	0	1,38	-0,94	1,55	0	0,15	-0,25	1,06	0,5	0,47	1,25	1,11	1	-0,2	0,9	0,9	2,06		
Mittelwert aller Werte							0,46									0,87					

t-test (p-value) über alle Dimensionen: 10 | 0,101

Abbildung 40 Vergleich Isonorm-Fragebogen-Antworten stationäre Systemnutzung
(derzeitiges stationäres Systeme vs. das neue stationäre NEL, incl. einseitiger T-Test-Auswertung
über alle Probandenwerte)

Farblegende: -3 (negativ)   -2   -1   0 (neutral)   1   2   3 (positiv)

A.10 Nutzerstudie 1 (stationär) Fragebogenauswertung zur Beanspruchung bei der Systemnutzung

Beanspruchung-Altes-Leitstellensystem vs. Banspruchung-Stationäres-NEL		Beanspruchung-Alte-Leitstelle									Beanspruchung-Stationäres-NEL									einseitiger t-test (p-value) in Prozent Nachkomma stellen	einseitiger t-test (p-value) (ger. 3 Nachkomma stellen)
Kategorie	Frage \ Proband	1	2	3	4	5	6	7	8	9	1	2	3	4	5	6	7	8	9		(in SEA-Scala Einheit)
1	Wie anstrengend empfindest du die Einsatzerstellung und -bearbeitung?		22	24,2	136,4	0	22	39,6	59,4	105,6	154	154	30,8	39,6	39,6	52,8	13,2	33	15,4	44	0,444
2	Wie anstrengend empfindest du die Zuteilung einer Einsatzkraft zu einem Einsatz?	72,6	81,4	15,4	57,2	2,2	22	15,4	125,4	11	72,6	134,2	19,8	39,6	2,2	30,8	11	15,4	13,2	32	0,318
3	Wie anstrengend empfindest du die Zuteilung einer neuen Position für eine Einsatzkraft?	41,8	101,2	28,6	118,8	22	11	116,6	96,8	11	72,6	184,8	22	39,6	22	0	28,6	52,8	13,2	25	0,251
4	Wie anstrengend empfindest du die Lagebeurteilung aller Einsatzkräfte auf der Karte?	116,6	134,2	77	118,8	22	28,6	173,8	26,4	85,8	154	154	22	118,8	22	11	11	46,2	17,6	13	0,13
5	Wie anstrengend empfindest du die Anordnung der Eingabe-, Listen- und Menüelemente?	39,6	187	74,8	154	41,8	2,2	28,6	26,4	121	74,8	187	33	57,2	0	4,4	13,2	44	22	7	0,066
	Mittelwerte je Proband über alle Dimensionen	67,65	105,2	44	117	17,6	17,2	74,8	66,88	66,88	93,5	162,8	25,5	58,96	17,2	19,8	15,4	38,3	16,3	t-test (p-value) über alle Dimensionen	(in SEA-Scala Einheit)
																				16	0,156

Abbildung 41 Vergleich Beanspruchung der stationären Systemnutzung
(derzeitiges stationäres Systeme vs. das neue stationäre NEL, incl. einseitiger T-Test-Auswertung)

Farblegende:	220 (negativ)	bis	0 (positiv)

A.11 Nutzerstudie 2 (mobil) Isonorm-Fragebogenergebnisse

Isonorm-Handfunkgerät vs. Isonorm-Smartphone Dimension	Kat	Isonorm-Handfunkgerät 1	2	3	4	5	6	7	8	Isonorm-Smartphone 1	2	3	4	5	6	7	8	einseitiger t-test (p-value) in Prozent	einseitiger t-test (p-value) (ger. 3 Nachkomma-stellen)
Aufgaben-angemessenheit	aa1																		
	aa2	1,333	0,667	0	1,667	2,667	0	1,333	2	1,667	1,667	2,333	0,333	1	2	2,333	k.A.	20	0,201
	aa3																		
Selbstbeschreibungsf ähigkeit	sb1																		
	sb2	1,333	-1,67	-0,67	-1,67	-2	-1,67	-1,67	1	0	0,667	2	-2,67	-0,67	1,667	2,333	k.A.	4	0,042
	sb3																		
Erwartungs-konformität	ek1																		
	ek2	1,333	1,333	-0,33	2	1	0,333	0,667	2,333	2,667	1	2,667	1,333	1,333	1,667	2,667	k.A.	4	0,045
	ek3																		
Lernförderlichkeit	lf1																		
	lf2	0	-0,33	0,333	1,667	1,333	-1,33	-1,33	2	2,333	1,333	2,667	1	0,333	1,667	2,333	k.A.	3	0,027
	lf3																		
Steuerbarkeit	sk1																		
	sk2	1	0,667	-0,33	1	1,667	-0,5	1,333	2,333	1,667	2	1,667	-0,67	0,667	0,667	2,333	k.A.	18	0,179
	sk3																		
Fehlertoleranz	(ft1)																		
	ft2	0	-1	0,5	-0,5	0	0	-1,5	1,5	0	0,5	1	-2	-0,5	1,5	-0,5	k.A.	21	0,213
	ft3																		
Individualisier-barkeit	lk1																		
	lk2	0	1	0	-1	1	0	0,333	1	0	1,333	2	-0,33	0,667	2	3	k.A.	3	0,027
	lk3																		

Abbildung 42 Vergleich Isonorm-Fragebogen-Antworten mobile Systemnutzung (Handfunkgerät vs. mobiles NEL, incl. einseitiger T-Test-Auswertung über die Dimensionsmittelwerte je Probandin bzw. Proband)

Farblegende:	-3 (negativ)	-2	-1	0 (neutral)	1	2	3 (positiv)

Isonorm-Handfunkgerät vs. Isonorm-Smartphone		Isonorm-Handfunkgerät								Isonorm-Smartphone								einseitiger t-test (p-value) in Prozent	einseitiger t-test (p-value) (ger. 3 Nachkommastellen)
Dimension	Kat	1	2	3	4	5	6	7	8	1	2	3	4	5	6	7	8		
Aufgaben-angemessenheit	aa1	1	-1	0	2	2	2	2	2	0	2	3	1	1	2	2	k.A.	22	0,218
	aa2	1	2	-1	1	3	0	1	1	3	2	2	1	1	2	3	k.A.	9	0,089
	aa3	2	1	1	2	3	-1	1	3	2	1	2	-1	1	2	2	k.A.	50	0,500
Selbstbeschreibungs-fähigkeit	sb1	2	-1	0	-2	-1	-1	-2	0	0	-1	1	-2	0	1	2	k.A.	5	0,046
	sb2	1	-2	0	-2	-2	-1	2	2	2	2	3	-3	-1	2	2	k.A.	5	0,051
	sb3	1	-2	-2	-2	-3	-2	-1	1	0	1	1	-3	-1	2	3	k.A.	2	0,023
Erwartungs-konformität	ek1	1	1	1	2	0	0	-1	3	3	1	2	1	2	2	2	k.A.	1	0,012
	ek2	3	2	0	2	1	0	0	0	3	2	2	0	0	2	1	k.A.	36	0,358
	ek3	0	1	-2	2	2	1	3	2	3	2	3	3	2	2	3	k.A.	3	0,031
Lernförderlichkeit	lf1	-1	-1	2	1	2	0	-2	2	3	2	3	0	0	2	3	k.A.	6	0,065
	lf2	1	1	-2	2	2	-2	0	1	2	1	1	2	2	2	2	k.A.	3	0,033
	lf3	0	0	1	2	0	-2	2	3	2	1	2	-1	0	-1	2	k.A.	4	0,041
Steuerbarkeit	sk1	0	0	-3	1	1	-2	2	3	2	1	3	1	1	2	3	k.A.	17	0,173
	sk2	2	1	2	1	1	1	0	2	3	3	1	1	1	2	2	k.A.	1	0,006
	sk3	2	1	0	2	3	1	2	2	1	2	-1	-2	1	2	2	k.A.	8	0,079
	(ft1)																		
Fehlertoleranz	ft2	1	-1	2	1	-1	0	0	2	0	0	2	2	0	2	1	k.A.	50	0,500
	ft3	-1	-1	-1	-2	-1	0	-3	1	0	0	0	-2	-1	1	-2	k.A.	0	0,004
Individualisier-barkeit	lk1	0	2	-2	-2	1	0	-1	0	0	2	2	1	0	2	3	k.A.	2	0,019
	lk2	0	0	0	1	1	0	1	3	0	1	2	-2	1	2	3	k.A.	16	0,160
	lk3	0	0	2	0	1	0	1	3	0	1	2	0	1	2	3	k.A.	5	0,047
Mittelwerte je Proband über alle Dimensionen		0,75	0,15	-0,1	0	0,85	-0,47	-0,05	1,75	1,32	1,25	2,1	-0,35	0,45	1,6	2,2		t-test (p-value) über alle Dimensionen	
Mittelwert aller Werte		0,43								1,22								3	0,025

Abbildung 43 Vergleich Isonorm-Fragebogen-Antworten mobile Systemnutzung (mobiles Handfunkgerät vs. mobiles NEL, incl. einseitiger T-Test-Auswertung über alle Probandenwerte)

Farblegende: -3 (negativ)   -2   -1   0 (neutral)   1   2   3 (positiv)

A.12　　Nutzerstudie 2 (mobil) Fragebogenauswertung zur Beanspruchung bei der Systemnutzung

Beanspruchung-Handfunkgerät vs. Beanspruchung-Smartphone (mobiles NEL)		Beanspruchung-Handfunkgerät								Beanspruchung-Smartphone (mobiles NEL)								einseitiger t-test (p-value) in Prozent	einseitiger t-test (p-value) (ger. 3 Nachkomma-stellen)
Kategorie	Frage \ Proband	1	2	3	4	5	6	7	8	1	2	3	4	5	6	7	8		(in SEA-Scala Einheit)
1	Wie anstrengend empfindest du die Einsatzzerstellung und -bearbeitung?	39,6	39,6	70,4	13,2	19,8	33	19,8	13,2	22	19,8	63,8	118,8	44	24,2	11	k.A	29	0,292
2	Wie anstrengend empfindest du die Zuteilung einer Einsatzkraft zu einem Einsatz?	22	72,6	79,2	35,2	22	35,2	19,8	22	24,2	2,2	24,2	19,8	22	22	0	k.A	3	0,029
3	Wie anstrengend empfindest du die Zuteilung einer neuen Position für eine Einsatzkraft?	41,8	39,6	52,8	22	44	48,4	26,4	30,8	33	72,6	26,4	19,8	44	22	0	k.A	18	0,178
4	Wie anstrengend empfindest du die Lagebeurteilung aller Einsatzkräfte auf der Karte?	52,8	116,6	129,2	77	44	107,8	96,8	17,6	61,6	39,6	22	15,4	39,6	17,6	13,2	k.A	1	0,006
5	Wie anstrengend empfindest du die Anordnung der Eingabe-, Listen- und Menüelemente?	26,4	39,6	55	39,6	41,8	118,8	37,4	19,8	24,2	19,8	66	118,8	22	24,2	24,2	k.A	34	0,339
Mittelwerte je Proband über alle Dimensionen		36,5	61,6	76,12	37,4	34,3	68,64	40	20,7	33	30,8	40,5	58,52	34,3	22	9,68		5	0,048

t-test (p-value) über alle Dimensionen (in SEA-Scala Einheit)

Abbildung 44 Vergleich Beanspruchung der mobilen Systemnutzung (mobiles Handfunkgerät vs. mobiles NEL, incl. einseitiger T-Test-Auswertung)

Farblegende:　220 (negativ)　bis　0 (positiv)

Printed in the United States
By Bookmasters